完善人格

许皓宜 著

P⌣PERFECT
PERSONALITY

天 地 出 版 社 | TIANDI PRESS

图书在版编目（CIP）数据

完善人格/许皓宜著. 一成都：天地出版社，2021.9
ISBN 978-7-5455-6204-0

Ⅰ.①完… Ⅱ.①许… Ⅲ.①情绪—心理学 Ⅳ.①B842.6

中国版本图书馆CIP数据核字（2020）第272047号

本书由远流出版事业股份有限公司正式授权，经由
CA-LINK Introduction LLC代理。

著作权登记号　图字：21-2021-266

WANSHAN RENGE

完善人格

出 品 人	杨　政
作　　者	许皓宜
特邀策划	耿懿凡
责任编辑	王　絮　高　晶
特邀编辑	邓英德
封面设计	仙境设计
内文插图	李如婷
内文排版	小石头工作室
责任印制	王学锋

出版发行	天地出版社
	（成都市槐树街2号 邮政编码：610014）
	（北京市方庄芳群园3区3号 邮政编码：100078）
网　　址	http://www.tiandiph.com
电子邮箱	tianditg@163.com
经　　销	新华文轩出版传媒股份有限公司

印　　刷	天津融正印刷有限公司
版　　次	2021年9月第1版
印　　次	2021年9月第1次印刷
开　　本	880mm×1230mm　1/32
印　　张	10.5
字　　数	240千字
定　　价	58.00元
书　　号	ISBN 978-7-5455-6204-0

持续地自我觉察与追寻

林静如

我们常在言谈中或自我认知里剖析自己："我是个×××的人。"人们常说自己内向拘谨、外向活泼、热心助人、爱好世界和平……，但应该很少人能说清楚自己究竟拥有怎样的人格类型。

我跟皓宜已经认识几年了，觉得和她很有缘分。我们的工作领域看似不同，事实上，却有高度的关联性。我研究的是法律关系，她研究的是心理关系，但两者都脱离不了要先了解人格类型。

我一直很喜欢皓宜的文字，她总是赤裸裸地把自己的内心深处，不论是光明面还是阴影面，展露无遗。她从不以一个专家的角色自居，反而常会拿自己当案例告诉大家，人、心、人格，就是这个样子，不分好坏，需要我们一辈子持续地自我觉察与追寻。

从她的文字里，你可以不停地找到自己的影子，借以分辨光明与阴影的来源，进而了解自己的人格类型、疗愈自己。这本新书亦如是。她秉持醉心于解析万物的实验精神，带着我们认识自己，试试这样想、那样看会怎样。你或许跟"分析心理学之父"荣格不够熟，但没关系，认识皓宜就够了。

她的文字引领我们重新整理自己的情感经验，在原始自然的情绪里，辨识自己的内在原型，让我们能完善人格、主宰生活，找到内在的从容与和谐。

推荐序·二

看见自己，完善人格

谢文宪（知名讲师、作家、主持人）

十二月寒冬的某个晚上，皓宜到我的新节目"宪场观点"站台，担任第一集的受访嘉宾。访谈间，我打趣说："荣格，是我们之间的第三者。"因为无论是参加广播节目、现场专访，还是私下聊天，我们都会谈到荣格。

我私心觉得："她被荣格附身了！"

我的新节目首集就找皓宜站台，这也说明了我们之间交情很深。我们都在环宇主持节目，我出书会想到她，她出书会想到我，与其说是好朋友，不如说我们是患难与共的好搭档。尤其在书市寒冬，我们携手挺进，屡创佳绩。

受访当天，她自嘲地说："我的电脑桌面上，有一百个文件夹，只要有新的想法，我就想要随时随地立刻写下来。"对人与人之间的关系处理，人格与内在原型的钻研，皓宜有着异于常人的敏锐观察。

这就是我佩服她的地方：重视朋友、专业素质过硬、文字浅显易懂、案例贴近现实、观察细腻有见地、待人细致有温度。

看完这本《完善人格》，我觉得它比近几年畅谈"人格"的相关书籍更深入浅出，理由有三：

1. 帮助读者进行自我分析，是一本很棒的工具书；

2. 用五十六个原型人物切入人格类型的脉络，清晰易懂；

3. 从"辨识原型"，到"理解原型"，再到重新"选择原型"，这是一趟看见自己与完善人格的旅程。

这是职场工作者案头必备、修复人际关系与自我觉察的一本好书。

导读

我是谁？一场穿越阴影的冒险之旅！

海苔熊（科普心理作家）

"与其当个完美的人，我更想当个完整的人。"荣格曾说。

问题是，到底怎么样才算完整？皓宜写了这本《完善人格》，用四大类共五十六个原型，带我们一步一步来回答"完整"这个问题。

第一步，我们必须先回答：我是谁？

第一步：我是谁

这是一个需要问自己一辈子的问题。心理学家很喜欢把人分成不同的类型，但人是很复杂的，不管怎么分类，最后都会遇到一个问题："会不会有时候我呈现出来的是这个样子，有时候呈现出来的是另外一个样子？那么，哪一个才是真正的我呢？"

多年前我问一位研究人格心理学的学者这个问题，记得那时候他给我的答案是："虽然你有时候比较外向，有时候比较内向，但如果大多数时候，你和大多数人比较起来，你偏向外向，那么，我们就比较倾向于说你是一个外向的人。"

当年我刚接触心理学，似懂非懂，但这几年下来越想越不对劲。

♦ 什么叫作"大多数时候"？

♦ "谁"是大多数人？

某次整理我的研究资料时，看着躺在书柜里的那些人格量表，心想：我心情好的时候，写出来的可能是一种样子的我；心情不好的时候，写出来的可能又是另外一个我；诡异的是，这些"我"之间可能是彼此互相排斥、矛盾的……

直到我接触了荣格心理学才发现，其实，你呈现出来的所有样子都是你，因为每个人本来就混杂着各种矛盾、复杂、正反两极的人格。所以，重点不在于"你是谁"，而在于"你怎么把这么多复杂的、但又都属于自己的人格，进行整合、完善"。

因此，人格原型的分类仍是必要的。对本书第一个层次的理解，就是借由对各种人格原型的描述来了解自己。

有了初步的了解之后，接着，我们就能在人生不同的时刻思索第二个问题：我此时像谁？

第二步：我此时像谁

这本书里的原型看似复杂繁多，但当你仔细阅读每一个原型时，就可能发现它们都蕴含了盈与缺、正面与反面、光明与阴影、优点与缺点等。例如，独立的人也有依赖别人的一面；懒惰的人也有勤奋的时候；老爱生气责备他人的人，其实是因为求好心切；过度照顾他人的人，内心可能是极度缺爱的……而我们所要做的事情，就是在每天的生活中问自己：我现在像谁？现在我展示出来的是哪一种原型？又有哪些原型潜藏在背后蠢蠢欲动？

我知道你可能觉得复杂，来个"翻译蒟蒻"① 好了："现在的我，光明和阴影的部分，分别是什么？"

◆ 光明的一面：你可以活到这么大岁数，势必有自己的一套"生存之道"，而这也可能是你个性中光明或正向的一面。

◆ 阴影的一面：毋庸讳言，所有的光明都蕴含着阴影（反之亦然），如果你视而不见，这些潜藏的阴影就会一点一滴地吞噬你的人际、生活，甚至健康。

因此，在了解自己的路途上必须问的问题是：我的阴影面是什么？

---

① "翻译蒟蒻"是《哆啦A梦》里面哆啦A梦经常使用的道具，功能是翻译，经常在听不懂对方的语言或说日语以外的其他语言的时候使用，用来解决语言沟通问题。

人什么时候可以看到自己的阴影呢？通常在别人惹到你，或是激起你的情绪时。举例来说，我有一个同事老爱给我建议，一下子要我在会议上不要过度表现，一下子又想插手我经手的事等。几次合作下来，我慢慢发现，或许现在主导他的是"疗愈者""友伴"与"万人迷"的原型，一方面他的过度关心已经越界了，另一方面他又希望能够拉拢我、得到我的支持。此外，他又有一点儿嫉妒我（怕我表现太多而赢得老板的器重）；每次跟他相处，我都觉得很累、很烦躁，但还是无法让自己不去注意有关他的事情。怎么会这样呢？莫非我是"抖 M"（受虐癖）？

后来我终于发现，我之所以这么注意他，是因为那些原型其实也是我的阴影。这个勾起我情绪的人，就像是一面镜子，让我看到了原来我有些时候也会过度干涉别人的决定（疗愈者的阴影）、害怕被别人取代（友伴的阴影），并且无时无刻不在渴望获得别人的喜欢，恐惧有一天不再被看见（万人迷的阴影）等。

这些"阴影"看似负面，但在很多时候也多亏了它们，我才能够做一个称职的领导者，帮助那些心灵需要照顾的人。

所以，对这本书第二个层次的理解，就是试着去看见：不论此时此刻你被勾起的、所呈现出来的是哪一种原型，都可能有正反两面，而这两面都有其独特的功能。书里每一个原型之后，都附有该原型的自查自问，正是这些协助你去看见自己的正面与反面。

接下来，我们要回答一开始"如何整合"的问题。

第三步：我如何整合

我曾看过一个短片，短片中的女主角因为长期压抑自己的情绪，不论受委屈或生气，她都强颜欢笑，都说"没关系"——没想到日子久了，她只剩下这个笑得很诡异的一种表情，就像是一个诡异的木偶娃娃[①]。或许她本来是为了人际和谐而戴上微笑的面具的，可是戴久了，却发现这个面具摘不下来了。

成为一个完整的人，就是不要只用一个面具在世界上生存。所谓的"平衡"，就是让自己不同的人格原型都有出来透透气的机会，让那些光明面和阴影面都可以被看见，都可以上舞台表演。

这本书第二章到第五章的最后，都附有两个以上的书写活动，你可以试着在每一次的自我探索、与伙伴讨论的过程当中，渐渐学会平衡光明与阴影，让每个原型都有出场的机会。

---

① 该短片为日本短片《态度娃娃》。

本书用法（海苔熊私心推荐）

表 1

问题	我是谁？	我此时像谁？	我如何平衡？
任务	我有哪些原型？	原型的正反面是什么？	如何自我整合？
做法	阅读章节案例	★ 反思每个原型的光明面与阴影面。 ★ 在每个原型最后的自查自问中探索自己。	★ 进行第二章～第五章最后的书写练习。

在原型的森林里找回自己

研究自我的心理学家麦康诺（McConnell）等人指出，当你对自己的认识越来越深刻，以及在不同的人面前呈现出来的模样越多元、越复杂的时候，你就需要更多的掌控感。如果你个性单纯、人生简单就算了；但你若是一个自我复杂度高的人，在掌控感较高的情况下，你的抑郁程度会比较低、压力比较小、自尊心比较强、生活适应力较佳，也较少有生理症状。

换句话说，在复杂的人生里，你需要更了解自己；而《完善人格》这本书，将是自我探索的一个重要起点。

如果生命是一片森林，所谓的完整，就是能够穿透自己如树影般的阴影。然后，你就会看见阴影的背面亦是光明。

56 个原型（海苔熊的阅读笔记）

表2

子类别	原型	生命议题	光明面	阴影面
情感原型	0 受害者	反省 ↔ 责怪	考验我们的自省力，引导我们去看见自己可以负起责任的盲点。	遇到事情时，倾向于先责怪他人，觉得别人对不起我。
	1 霸凌者（不想成为的自我）	强者 ↔ 弱者	不再极端地评价自我与他人。	避强趋弱，想要把强势的特质从自己身上排除掉。
自我意象	2 英雄（想要成为的自我）	拯救 ↔ 孤独	勇于面对内心的自卑感，发展自我整合的精神力量。	过度理想化自我，而脱离现实的人际关系。
	3 神（完美父亲）	完美 ↔ 邪恶	不管在任何情境中，都保持对真善美的信任。	希望超越人性的自我期待，关闭情感功能，变得冷酷无情。
权威男性	4 父亲（勇气权威）	自律 ↔ 权威	拥有走向外在世界的勇气，知道自己该做些什么事。	对权威和暴力感到恐惧，觉得总有个声音在批评自己。
	5 皇帝（成功男性）	出人头地 ↔ 一文不名	能为他人和组织着想，有能力将团体组织起来。	被体制压抑，想获得认同而无法成为自己，又对权力着迷。
	6 王子（正向男性）	优势 ↔ 失势	先天具备体能和才华的优势。	因为害怕失去天生的优势而感到恐慌，转而欺压弱小，缺乏同情心。
	7 女神（完美母亲）	优雅 ↔ 过度温柔	具有优雅、疗愈性的柔美力量。	放纵又自恋，滥用自己的性感特质。
母性温柔	8 母亲（孕育照顾）	包容关怀 ↔ 吞噬/被吞噬	孕育、有耐心，关怀他人，相信自己的情感能被人接纳。	被吞噬不放或丢弃不管的恐惧笼罩，在"独立"和"依赖"间挣扎。
	9 女皇（成功女性）	成功 ↔ 控制	运用情感智慧来解决、协调家庭和组织的问题。	在刚柔之间冲突，或陷入激进的控制欲中。
	10 公主（正向女性）	柔弱 ↔ 刁蛮	具有美丽而柔弱的女性特质，容易受到旁人保护。	具有与柔弱相对的刁蛮强悍特质，让旁人感到受挫。
爱与竞争	11 恋人（全心投入）	热情 ↔ 痴狂	高度投入热情，全心全意为外在人、事、物奉献与付出。	痴恋与执着，重视童年时期未被满足的情感，可能做出毁灭性行为。
	12 友伴（竞争合作）	同伴支持 ↔ 竞争比较	喜欢群体生活，能在与他人相处中找到自我的价值和立足点。	会产生对"竞争""被人取代"的恐惧，会因过度敏感对人际关系产生恐慌。

子类别	原型	生命议题	光明面	阴影面
	0 破坏分子	突破委屈 ⟷ 冲动破坏	面对心里的自卑感，找到不再自我设限的方法。	会有破坏性行动，为我们在后天教育环境中所受的压抑鸣不平。
学思历程	1 传道者（规矩）	遵守规则 ⟷ 应该与必须	通过遵循某些道理来获得别人的认同。	忽略反省自己内在遵循的道理是否符合现实逻辑。
	2 授业者（专业能力）	积极学习 ⟷ 我不够好	对专业知识坚持，能认识自己的不足之处。	觉得自己什么都做不好，无法比得上别人。
	3 解惑者（挫折）	求助 ⟷ 掌握	相信自己拥有能够走出黑暗的智慧与力量。	觉得靠自己无法找到出路，或陷入可以带领别人前进的自以为是中。
思想表达	4 诗人（隐喻）	敏感 ⟷ 钻牛角尖	具有超凡的表现、描绘与感受事物的能力。	过于多情而逐渐忽略思考的逻辑。
	5 说书者（言语）	创造 ⟷ 迷失	善于运用故事元素，想象力丰富。	添油加醋，在故事的真实与虚构间感到迷失。
	6 书记（记录）	整理 ⟷ 抄袭	善于整理、记录知识，保存真实。	陷入知识焦虑，通过不正当渠道来取得知识，对他人造成伤害。
内在信念	7 魔术师（突破规矩）	点子 ⟷ 不务实	以力求变化与超越传统的思维，去思考还未被理解的非理性现象。	失去自信作为心理上的支撑时，陷入无序或自我怀疑。
	8 提倡者（替人着想）	舍命付出 ⟷ 吝于对自己好	能将生命奉献在对公众有益之处。	对自私自利的想法感到排斥，甚至不敢接受一点儿"利己"的欲望。
	9 修行者（处世平静）	寻求平静 ⟷ 自我虐待	追求心灵深层次的坚定力量。	过分要求自律严谨，忽略自己的需要，陷入自我虐待的境地。
	10 幻想家（深谋远虑）	远见 ⟷ 被质疑	放眼未来且具有远见，可使人信任和依赖。	因为外界质疑而放弃自己在思想上的坚持。
	11 工程师（按部就班）	理性 ⟷ 不近人情	具有有条有理、按部就班的逻辑思维，不情绪化。	过于排斥情感，陷入机械化思维。
	12 处女（追求完美）	自律 ⟷ 害怕不完美、玷污	力求完美，努力克服各种变数带来的不利影响。	恐惧与他人亲密合一，担心他人的放纵会污染自己的纯真。

子类别	原型		生命议题	光明面	阴影面
0 内在小孩		1 创伤	同理 ←→ 报复	宽恕与同情他人。	自怨自艾和以牙还牙。
		2 孤单	独特 ←→ 渴望认同	克服生存恐惧，寻求心灵的自由独立。	渴望寻找代理家庭（家人／亲人／情人），想依附他人，拒绝成长。
		3 贫穷	争取 ←→ 恐惧匮乏	努力向上，积极争取。	因为内心的匮乏感而自私、忧郁，或看不见他人需要。
		4 神奇	勇气 ←→ 不切实际	相信"凡事都有可能"，面对逆境时能展现出智慧和勇气。	有着"不需要依靠努力和行动力就能获得"的不切实际的幻想。
		5 永恒	享受 ←→ 不负责任	不让岁月阻碍自己享受生活。	拒绝成长，缺乏承担与负责的能力。
行动原型		1 重建者	开辟 ←→ 刚愎自用	能够大刀阔斧地重新建构新事物。	通过重建行动来消耗潜藏的破坏性。
		2 复仇者	抗议不公 ←→ 过度报复	能够衡量正义公平，从事锄强扶弱的工作。	陷入自以为是的公义，放弃道德，行为偏激。
		3 解放者	脱俗 ←→ 霸道	能够不被传统价值观捆绑，不从众。	缺乏逻辑思维时，显得蛮横霸道。
		4 反抗者	反叛 ←→ 过度表演	对合法体制的批判性思考、过度反抗。	夹带着个人议题，形成具有"演出"性质的反抗行动。
		5 疗愈者	关心 ←→ 超ధ表演	能够照顾与关怀别人。	给予他人所不需要的过度关怀。
		6 救世主	使命感 ←→ 需要／被需要	具有帮助别人的使命感，并付诸行动。	呈现出僵化的"保护者"姿态，执着于"被人需要"。
		7 驱魔者	引导他人 ←→ 逃避自我	能把自己或他人从毁灭性的力量中解放出来。	通过责备、怪罪、否定他人，来逃避面对自己的心魔。
		8 仆人	服务 ←→ 过度讨好	心甘情愿为他人提供服务。	无法坚定地为自己做选择，而是被迫替人服务。
		9 战士	想赢 ←→ 蛮干	遇到困难不退缩，能为自己与他人争取权利。	因为对"战胜"的执着，而使用蛮力或牺牲道义。
		10 运动家	自我超越、守护荣誉 ←→ 体力不堪、意志力与欲望分离	超越身体和心灵上的限制，释放内在精神能量。	为了保全超越自我的荣誉感，而使用自我欺瞒的诈术。
		11 变形者	因人制宜 ←→ 失去自我	激发有弹性的生命模式，能随着情境采取与之相称的行动。	缺乏对自我价值的信任而过分改变，导致脱离自己原本的模样。
		12 寻道者	探索 ←→ 漂泊	对新事物、新体验感到好奇且付诸行动。	追求一时快感而非真实的满足，不断漂泊流浪。

子类别	原型	生命议题	光明面	阴影面
欲望原型	0 小丑	适应 ↔ 过度伪装，恐惧被发现	适应环境的能力较强，面临各种人生处境都能坚持自己的原则。	为了在现实环境中生存，被迫放弃精神完整性。
	1 富翁（金钱）	创造价值 ↔ 吝于给予/过度挥霍	能主动创造事物的价值，感觉身心上的满足。	想要的很多，却觉得拥有的很少，因而吝于与他人分享。
	2 乞丐	同理 ↔ 无力感	克服内在无能为力的那一面，朝独立的自我发展。	想要依赖别人，又不自觉地批判别人对待我们的方式。
	3 小偷	拿回自己的 ↔ 剥削他人	不管在什么情境下，都能看到自己身上无可取代的特质。	因为害怕被人取代，转而剥削别人。
	4 万人迷	好好表现 ↔ 怕被背叛	从别人对自己的关爱中，找到对自己的爱和喜欢。	通过某些手段来诱惑或压迫别人，使别人喜欢自己。
	5 伙伴	忠诚 ↔ 怕被背叛	渴望人际关系中的忠诚与相互的心灵交流。	害怕遭受背叛，或被自我私欲影响而看不见别人的需要。
	6 吸血鬼	控制/依赖 ↔ 勒索/被勒索	对危险关系觉察很敏锐，并有把握从中跳脱出来。	从别人身上吸取养分直到榨干对方，而陷入复杂的人际关系。
	7 上瘾者	坚持 ↔ 过度执着	能从某些具有负面影响的欲望中跳脱出来，找回心灵自由。	沉迷于受到欲望捆绑的状态，离真实的自己越来越远。
	8 赌徒	投机取巧 ↔ 违背道德	具备判断危险时刻的直觉，能承担未知的危险。	沉迷于短期收获的成效无法自拔，失去耐性和道德判断。
	9 享乐者	向往自由 ↔ 只想到自己	能够享受生命中美好的事物，并将此转为正能量。	放纵自己，把自己的快乐建立在别人的痛苦之上。
	10 闲聊者	好事 ↔ 嫉妒	能够体会不被自己接受的人、事、物的立场，培养对世界的信任感。	因为对别人嫉妒、羡慕和讨厌，而参与伤害别人的评论。
	11 间谍	好奇探索 ↔ 侵犯界限	遵守人我界限，不逾越界限去接近引发自己热情的人、事、物。	偷窥别人的私密生活，侵犯他人界限而不自知。
	12 吹牛者	勇于梦想 ↔ 夸大现实	坚持自己的梦想，不因他人质疑而放弃想要前往的方向。	不相信自己所说的愿景，对脱口而出的话感到空洞无力。

自序

荣格带给我的"从容"

这是我第二本谈论人格的书籍。

"认识自己的人格类型"是长久以来藏在我内心深处的痛点。在人际互动和亲密关系中,从小我就发现自己并不真正了解自己,有时感觉没办法控制自己难过和生气,仿佛理智与身体心灵都是分离的。

从事心理咨询工作以来,我遇到过无数有类似困扰的当事人,大部分时候,我们会将这怪罪在那些引发我们情绪的人身上,控诉别人做的事情让我们感到窒息。这样做非但对事情没有帮助,反而会让我们陷入一种反复的埋怨中,忽略了可以从人格完善的过程中重新找到的正向能量。

非常幸运,后来我进入心理咨询这个领域,认识了荣格(Carl Gustav Jung)、弗洛伊德(Sigmund Freud)、梅兰妮·克莱因(Melanie

Klein）这些心理与精神分析领域的大师。荣格是以他自己的（痛苦）经验为示范，告诉我们如何从黑暗中找到通向光明的力量，弗洛伊德总是勇敢地直视人性深处最黑暗的地方，克莱因细腻地描述关系中的恩怨情仇。这三位心理学大师都是我生命中最重要的导师，尤其是荣格心理学中的"原型"和"阴影"理论，开启了我追求自我完整以及一系列通过教学进行研究的历程。

在这段过程当中，我突然发现对自己人格类型的认知越来越清晰。在许多本该盛怒的瞬间，我体会到"自我觉察"的力量，让原本可能陷入冲突的窘境顿时得到破解。从前我是个很容易有罪恶感的人，一旦觉得自己做出情绪化的行为（尤其是对亲爱的人），就会不自觉地陷入沮丧。因此我看似拥有许多，却很难发自内心地感到快乐。但这几年，我逐渐体会到何谓"从容"的态度：那是一种面对他人质疑时也能觉察自己不需要恐慌的能耐。当我们学会自我觉察时，这些"认清自己，稳定自己"的经验都将在我们的生活当中一一被验证。

荣格心理学概念是我在学习完善人格、建立正向生活的历程中最重要的人生信仰，他在《红书》（*The Red Book: Liber Novus*）中记录了许多他自己走过情绪低落时段的经验，是我面对低潮时总会去翻阅的书籍。虽然荣格理论之深远，令我不确定自己此生有无可能领悟透彻，但身为一个热爱心理学研究的学者，我感觉一股内在的召唤，促使我将自己受到荣格启发之处书写出来，分享给更多面临情感和生命困境的朋友。

在开始阅读之前，请各位为自己准备一个小小的笔记本，希望通过阅读与实践，你能更踏实地感知到那份主导自己生命的力量。

许皓宜

2017 年秋

　　只要我能将各种情绪转化为意
象，也就是找到隐藏在情绪背后的意
象，我就能平安心静。如果继续让这
些意象躲在情绪背后，我或许会被它
们撕碎。

　　　　——荣格《荣格自传：回忆·梦·省思》

目录
contents

第 3 章　那些固执的想法，往往是导致我们不愿接受自己的
重要因素

思想共通原型

思想潜在原型

第5章   那些渴望的背后，可能藏着不安

欲望共通原型

欲望潜在原型

什么是"情绪"

我们可以把"情绪"视为一系列的个人主观经验，这种主观经验包含了个人的感受、思想与行为，也是心理和生理状态的综合体。

换句话说，我们可以从三个方面来觉察情绪的存在：

首先，你可以从心跳加速、手心冒汗、胸口郁闷等心理和生理反应，来感受自己的情绪；

或者，你可以从脑中突然闪过的一些想法来发现自己的情绪；

再不然，你也可以从自己所做的某些事情（也就是"行为"）来体验自己的情绪。

情绪是自己可以控制的吗

大部分人常常觉得情绪是突然出现的、没有逻辑的，它甚至会在人毫无防备的状况下闯入我们的生活。比如说，我的朋友小棋在脸书上看见他小学同学的全家福照片，明明人家只是分享一下生活近照，根本没多说什么，但小棋的心情却变得非常低落，手指一动，就把他小学同学给屏蔽了（而他们原本还挺要好的）。

我们先停在这里想一想，你觉得小棋的内心世界发生了什么，让他突然做出这样的举动呢？

是的，或许你已经想到，这是因为当小棋看到同学在脸书上展现出来的"幸福"时，无意识地就联想到自己"不够幸福"。虽然他和小学同学表面上并不是竞争关系，但他心理上却不由自主地浮现出两人正在相互竞争的意象。这种无意识的意象，激起了小棋内心的负面情绪，让他陷入了一种沮丧的、觉得自己事事不如人的状态当中。

所以，如果我们总是从意识层面去想象情绪，会觉得人很难自我控制情绪，但如果我们从无意识的概念去深入探索情绪背后的脉络，就会发现，那些引发我们负面情绪的事件常常具有某些共通的本质。也就是说，只要能够早一步掌握情绪脉络背后的本质，我们就比较容易在事件发生的第一时间，觉察到自己真正在意的点是什么。

用荣格心理学的概念来说，当我们愿意去面对心里的负面情绪时，很快会发现那些负面情绪的背后，其实联结着我们内心世界的一处阴影。此时，如果我们可以不被困在那种不舒服的感觉中，而能更勇敢地再往里面踏进去一步时，那么我们就会发现那些阴影背后，原来隐藏着许多我们还不够了解自己的地方。

发现情绪背后的阴影，有什么好处吗

发现情绪背后的阴影有好处吗？当然。

荣格用"炼金术"来比喻这个历程：就像古代的炼金术士，将一些看起来毫不起眼的物质，经过重重的提炼，从中萃取出黄金等贵重金属一样，或许我们生而为人的意义，就是不断地从自己内在去炼金，把负面情绪里面那些污浊不堪的感受、想法和行为，一次次地提取到我们的意识层面，通过接近、觉察、理解、接纳，将它们转化成我们身上独特而珍贵的特质。

当阴影被提炼出来，见了光，就变成一种对生命有价值的养分。我们不用再被困在那些自我责备和讨厌别人的心灵牢狱中，而能用一种更有弹性的立场，去拥抱各种不同的经验与事件带给我们的生命意义。

要如何转化自己内在的阴影，变成正向的力量

首先我们要了解，这些阴影是以什么样貌出现在我们的情绪和生活当中的，知道阴影的样貌之后，才能进一步掌握它。而当

我们真正掌握了心里的阴影时，也才能去理解：为何自己始终无法摆脱别人对我们情感上的勒索？为何我们有时会为别人所说的话、所做的事困住无法动弹？为何我们明明排斥某些人、事、物，却不由自主地要陷进去？

为了描述阴影的样貌，我借用荣格心理学中的"原型"（Archetype）概念。所谓"原型"，最初可追溯到柏拉图提出的"形式"（Forms）——所有真实世界的事物，都可对应到一个相似的本质——以"美"为例，对个人来说，"美"可能代表着美丽的花、美丽的房子、美丽的人……但"美"所对应的本质却是一样的。荣格相信，宇宙万物和不同个体之间存在着相似的原则，但在每个人身上又以独特的方式展现。因此人们的成长会经历一些既定的序列；这种既定序列与共通性的呈现，就是"原型"。

如同先前提过的，当我们仔细梳理负面情绪背后的脉络时，会发现：你、我、他之间存在着某些共通性，并且在我这个人身上也有一些可依循的相似原则。比如说，遇见做事情啰里啰唆的人，即便是不同对象，都会令我感到不耐烦，所以每次遇到这种特质的人，我的口气就会变差——因此，从"啰里啰唆"到"口气变差"，就是一个在我身上值得探究的心灵序列。然而，对啰里啰唆的人感到不耐烦这点，可能又同时存在于我和老王及老李身上，可见我和老王及老李的内心世界，或许有某些值得一起讨论的共同本质。当然，上述的例子都和"阴影"有关。

我从2014年到台北艺术大学任教后，便认识了美国心理学家卡罗琳·密丝（Caroline Myss）。她借由荣格心理学的"原型"概念设计出来的"原型卡"(Archetype cards),用七十四个人物来描述存在于我们身上的不同特质。

这几年,我尝试将卡罗琳设计的原型卡融合到我所开设的"心理觉察与书写"课程中,通过对人物原型的意象讨论,启发学生自由联想与书写,并且引导他们从书写的过程中发现这些原型人物与他们内在负面情绪的关联。

经过多个学期的课程改良,我累积了数百名大学生和小区成年人对原型人物的书写资料;加上我在临床工作上的案例搜集,以及心理分析领域同侪伙伴的协助,我将卡罗琳所描绘的人物原型形象浓缩删减,再与阴影概念相结合,修正或重新命名以符合华人文化的描述方式。最后整理出来的成果,都被我写进了《完善人格》这本书中。

从《完善人格》这本书中,可以学到什么

《完善人格》是一本协助读者进行自我分析的心理工具书,里面包含几个部分:以原型人物来描述我们内在"阴影"的样貌与特质;以咨询式的书写技巧来觉察存在于内心世界的"阴影"。

因此,在阅读的过程中,建议读者可以着重看下列几个部分:

1. 辨识出那些对你影响深远的原型人物形象,以及这些原型意象和你的人生经历的关系;

2. 随着书中引导,练习自由联想、自我对话与书写,反复理解那些特别容易触发你情绪的原型意象;

3.通过各种生活情境的讨论，整理那些对你而言特别容易对外展现的强势原型，以及容易压抑在内心的阴影原型，重新选择出有能力陪伴你调节情绪、自在生活的原型组合。

是的，通过这本书，我们就是要进行一场扎实的自我分析与觉察之旅。

让我们一起从"阴影"着手，为自我炼金。祝福我们每一个人，都能成为更自由的"我"、更喜欢自己的"我"，以及更快乐的"我"。

只有不理解黑暗的人，才会恐惧
夜晚。通过理解你内在的黑暗与神秘，
你会变得简单纯粹。

——荣格《红书》

第 1 章

认识心中的"阴影"

——我们身上都有，却不太愿意承认的那部分

当我们遇上那些无法真心拥抱的负面时刻

在日常生活中，某些时刻发生的事情，会让我们处在负面的情绪状态中。比如下面几个例子：

丈夫长年在大陆经商的王太太说：

"我和先生有一个独生子，因为儿子和他爸爸相处的时间非常少，所以他们两人始终没办法亲近。

我是个虔诚的教徒，儿子也在主日学长大，谁知道他上了初中以后，突然变得非常叛逆，以前那个乖巧的儿子突然就不见了。这个时候刚好先生结束大陆的生意回到台湾地区，父子之间的矛盾和冲突日益扩大。

我感到非常伤心，尤其每次看到先生要追着儿子打时，就一阵心痛，但又觉得自己没有能力阻止，不知道未来该怎么办才好。"

身为上班族的阿翔说：

"我是个做事非常认真的人，不管是上学、工作都不会迟到早退，尽量谨守自己的本分，提前把该做的事情完成。

最近我遇到一个非常擅长投机取巧的同事，做事情都不按该有的规则来，可是老板却非常喜欢他。偏偏这个同事就坐在我旁边，所以我总会看到他用一种随意的态度去面对工作上的事务，可是他向老板报告自己的工作成果时，又摆出一副自己多么了不起的模样。令人失望的是，老板却认可了他这种做事方法。

我不禁开始怀疑，这种主管真的是值得我为他卖命的人吗？很多时候我都觉得，自己要不干脆离职算了。"

已经当了公司主管的家贤说：

"每天早上开车前往公司的路上，对我来说都是相当煎熬的时刻。

我最讨厌遇上一些司机，要么就车子紧挨着我的车尾巴开，要么就突然从我身边插队超车。每次遇到这种人，我就会忍不住紧跟着旁边的车，怎么都不肯让他们插队进来，如果有人硬要插进来，我都会长按喇叭来表达我的不满，我觉得这个司机应该为他的行为向我道歉。

然而，每次我这么做之后，都感觉到自己心脏扑通扑通越跳越快，手指尖有点儿发麻，情绪久久不能平复。"

身为讲师的安琪说：

"我常常觉得自己是一个很糟糕的人。

昨天我上台报告。在那之前，我觉得自己准备得相当充分，在家也做过事前的演练，但实际上台后，我觉得自己说话变得没有逻辑，台风也不够稳健。

虽然听众说我表现得不错，但我还是非常沮丧，我怕他们都只是在安慰我而已，并不是真的欣赏我。"

诸如此类的例子，在我们的生活中不胜枚举。负面情绪就像我们心头不请自来的乌云，一阵倾盆大雨将人淋个措手不及，如果你没有能力打伞，或者找到路边一个可以避雨的屋檐，大雨就会淋得你浑身颤抖，你就会沾染风寒乃至生一场大病。

甚至有些时候，你可能自以为带了一把抵御负面情绪的好伞，在负面情绪来临，你把伞撑起来时，才发现它破了一个大洞，遮不了雨不打紧，还害得你在雨中的希望幻灭，心情更加沮丧。

有趣的是，明明是把破伞，你却偏偏老是忘了丢弃（或舍不得丢弃），然后大雨天又带着那把破伞出门，再次变成在雨中咒骂的落汤鸡。

依照心理学的概念，当我们陷入负面情绪时，无意识里不被自己理解和接纳的内容，会使我们的逻辑思考失去正常运作的功能，让我们体验到灾难式的感受，表现出情绪化的言语与行为，将人带往乌云笼罩、伸手不见五指的无助感中，甚至会让我们事后感到懊恼。背后的元凶，正是"阴影"。

如何运用"阴影"，来解决日常生活中遇到的情绪干扰

简单来说，"阴影"就是我们心灵深处的"杂质"，当我们处在现实环境中的某些情境时，这些存在于无意识里的杂质会和现实中的情境相互碰撞，进一步引发我们内在特定的情绪反应。比如说，"权威式的长辈"常常会使许多人产生负面的情绪反应，有些人的反应是"害怕"(退缩)，有些人却是"顶撞"(前进挑战)。换句话说，"权威"可能是很多人内在共通的心灵杂质，但这个杂质却会用各种不同的情绪样貌来干扰我们的生活。

为了理解"阴影"的共通性，以及内在受到这些心灵杂质扰乱后所发展出的情绪脉络，我们可以用"原型"这个概念把这些心灵杂质(也就是"阴影")的意象具体化，并整理出"阴影"的四种发展方向：

1. "阴影"会以一种重复过去"情感经验"的方式，呈现在现在的人际关系中。

比如，上述案例中通过王太太的描述，你可以发现，王太太其实已经说出了自己的困扰，家庭矛盾与丈夫长年不在家是有关联的。这种家庭中的父亲/丈夫角色缺席，如果用一般逻辑来思考，不是等丈夫回来以后通过多相处来增进彼此情感就解决了吗？父子关系不和睦，就靠长期与儿子相处的王太太去沟通，让孩子理解父亲离家也有他必要或者不得已的原因，父子关系重新建立了，

父亲就能运用他男性的特质去解决男孩在青春期面临的困扰。这听起来不是很简单吗？为什么王太太会陷在其中无法自拔呢？

最合理的解释就是，王太太本身对"父亲"和"丈夫"的角色，有她自己独特的情感经验。比如说，王太太自己的父亲也是一个不常在家的男人，所以当她先生做出和她爸爸类似的事情时，她心里的埋怨就通过现在家庭中的父子替代性地呈现出来。

我们再往无意识走深一点儿，甚至还可以假设：或许王太太根本就不希望（期待）自己儿子和他老爸的关系会好起来！

怎么可能？

我也不知道。这得要王太太深入她自己内心世界的"父亲"原型，才能明白那背后藏有什么样的"阴影"，她才能解开自己的心结，去做她本来就知道应该怎么做的事。

2. "阴影"让我们在人际相处中，总坚持某些"信念"。

比如上述案例中的上班族阿翔，你可以从他的描述中，发现他心里有一系列应该依循的规则。我们可以大胆假设：这些规矩可能是在他过去的经历中，由某些人或某些情境教给他的。所以阿翔得去探究他内心的"传道者"原型里面有些什么，以及这些规矩是否已经在他脑袋里发展出"处女"原型的信念，让他变成一个要求完美的人。

是不是阿翔曾经也被这样要求完美？或者因为没有遵守规矩而受过惩罚？才让他不知不觉地把这些"我应该怎样"的想法保存下来。但或许阿翔心中，其实也有点儿羡慕隔壁同事可以被人允许做事那么随性。

把这些脉络都厘清以后，阿翔会发现：或许他不是真的因为讨厌这个同事或主管才想离职，而是他怕自己在这家公司继续待下去，也会变成一个不再像以前一样做事完美的人。

3. "阴影"让我们在人际互动中，出现一种难以控制的自动化行为（惯性行为）。

比如上述案例中那位当了公司主管的家贤，只要早上开车时遇到没有礼貌的"插队"车辆，就会自动和对方较劲，即便他明明知道在马路上这样做是危险的，仍然不由自主地要这样做。这种举动是不是很像一个"复仇者"？所以家贤需要去探究一下："复仇者"原型对他人生的意义是什么，才能明白"尬车"（赛车，有挑衅的意思）背后可能有他还未了解的自己。

或许，家贤那类似"复仇"的强悍行动背后，说不定藏着一个觉得自己从来没被公平对待过的、充满创伤感的"内在小孩"。

4. "阴影"让我们反复陷入对特定主题的恐惧中。

比如上述案例中的讲师安琪，她描述的经验其实和别人没什么关系，大多是她自己对"讲得好不好"的评判。当然，这有可能是因为当时听众的肢体语言给了她一些做出此种判断的线索，但当有人夸赞安琪表现不错时，她却一点儿都不相信，只顾陷在自己的恐惧当中。

我们可以从安琪的描述中看见，她恐惧的背后联结着"受不受人喜欢"的议题。如果要理解自己的阴影，安琪可以去探索"万人迷"原型对她的意义，以及她到底想要把哪部分的自己给隐藏起来。

理解这部分的自己后，安琪可以试着先从"觉得自己不讨人喜欢"的恐惧感中抽离出来，想想：究竟是别人真的不喜欢我，还是因为我不喜欢自己，而想象别人也都不喜欢我呢？

觉察"阴影"的存在后，把它提取到意识层面反复思考，才能转化成正向的力量

由于"阴影"发作起来时总令人无从掌握，我们常常容易被情绪牵着鼻子走，以致说出违心之论，做出一些非我所愿的行为。事后的懊恼，有时不是一句"后悔"就可以抵消的——我们可能得耗费极长的时间，来为无法控制情绪的愚蠢付出代价。

所以，了解自己情绪发作背后的脉络，以及情绪如何被激发的逻辑（也就是阴影的内涵），就变成自我情绪管理中相当重要的一环了。

让我举一个发生在我自己身上的例子。

某天，我要到台中诚品书店做一场重要的讲座。由于人生地不熟，我特地起了个大早，打算在书店附近找一家舒适的咖啡厅坐下来沉淀思考。

我走在种满绿树的林荫大道上，背着行囊拐进老屋改建的巷弄

内，在每家店门口探头探脑，终于找到一家一个顾客也没有的老店。偌大的空间里只有几位围着白裙的服务生，宁静的氛围令我满意极了。

没想到我刚坐下来，店门外就走进来一对男女。我的视线扫过他们，心里不禁想：好吧，既然你们要进来，拜托坐得离我远一点儿吧！

谁知那么大一家店，他们哪里也不坐，偏偏就挑了我身旁的桌子坐了下来。我深吸一口气，径自翻开书本，想要遁入文字的世界，哪知道我旁边的女孩却开始提高音量和她对面的男孩交谈起来："呵呵呵呵呵，我跟你说……"我心里翻了一个好大的白眼，心底一个声音冒出来，让我极想对女孩说："小姐，请你讲话小声一点儿好吗？"

很快，我意识到这是一种想要攻击对方的冲动（我觉察到自己心里的"复仇者"原型，正在引导我做出一些本能的行为），我暗自摇了摇头，按捺住了这股自动攻击的欲望。女孩刺耳的声音继续在空间中回荡，穿进我的耳膜，于是我忍不住发挥了心理咨询师的职业本能，暗中观察这对男女的互动——我顿时发现：原来女孩喜欢对面的男孩啊！然而，我心底马上又窜出另一句对女孩的攻击话语："小姐啊，你这样没有用！"

我被自己莫名的攻击欲望惊吓到了，赶紧收拾桌上物品和杂乱的心情，默默退出身旁的二人世界。

走出老店，我走在台中的暖阳下（离开当下情境，深入原型背后的阴影），脑袋开始有了思考空间。我问自己：刚刚是怎么了？

我的情绪状态是什么？女孩身上有什么点抓住了我？

终于我明白了，原来，我通过女孩身上的"怪异"看见了从前的自己——那是一个极度缺乏自信，所以"用夸张谈笑来表达迷恋的丑陋形象"（我觉察到自己内在的"万人迷"阴影面正在浮现）。是的，仔细想想，或许我对青春期的自己的评论就是如此。所以我是真心想攻击方才那位女孩吗？当然不是！她只是像一面镜子般，照出我尘封心底的"阴影"（虽然已经很久没有因"丑陋"而感到自卑了，但在我心里自卑感还没有被完全修正）。

想通这一点后，我为刚刚没有对她发动攻击而感到庆幸。我如果方才因为被阴影掌控而态度不佳地出言不逊，现在必然带着充满罪恶感的心情前往演讲会场。

攻击会让我比较好过一点儿吗？不会。缺乏觉察的举动只会令人被不良情绪进一步干扰而已。然而，这样一份全新的觉察，却为我那天在台中的演讲带来一个有趣的开场。

所以，当你发现自己身上的阴影时，真的不用太过担心。这是我们的心灵正在通过阴影的呈现，来帮助我们成为一个更加成熟的人。

问题又来了，我们怎么觉察自己情绪里的阴影呢？我们的思考速度真能跟上情绪发作的速度吗？如果情绪发作时来不及觉察该怎么办？

解决这个问题其实不难。最简单的做法便是平常多整理与自己阴影相关的"原型"，当负面情绪来袭时，我们自然会把这些对原型和对自我的理解，应用到对当下情绪的觉察上。

一个人身上会存在多少阴影呢

一个人身上会存在多少阴影呢？很多。我们试着以荣格心理学的基础来加以提炼。

说到这里，我想先谈谈分析心理学的祖师爷卡尔·荣格的故事。

二十世纪初，精神分析的开创者西格蒙德·弗洛伊德出版了他最伟大的著作之一《梦的解析》（*Die Traumdeutung*），荣格也看了这本书，并且深感兴趣。之后，荣格开始和弗洛伊德通信，两人志同道合，共同创立精神分析学会。然而，两人最终却因为理论上的分歧决裂，弗洛伊德将荣格从学会中除名，荣格因此陷入抑郁数年。

根据荣格自己的笔记，那几年，他和精神病院里的病患没什么两样，但他最后却成为一代大师。我曾听某位心理咨询师说，我想起荣格的故事，就觉得现在不如意的我们，都可能只是"落难的英雄"。

荣格是怎么走出英雄落难的时光的呢？别忘了，荣格是因为"梦"和弗洛伊德结缘的，挥别弗洛伊德后的日子，荣格当然也是继续"做梦"。这便是大师之所以为大师的原因——荣格虽然在梦境中见到许多奇异的幻象，比如说长着翅膀又跛着脚的老人、美丽的陌生女子……但他却通过平日喜好钻研的炼金术，以及《易经》等东方经典，分析自己与他人的梦境（据估计，荣格大约解过八万个梦），并综合所有他接触过的科学知识，来考察人类心智的内容。

日后，荣格的理论自成一家。他更深入地探究意识以外的无意识世界，并认为无意识内容具有三个部分：

第一，意识暂时排除、储存在无意识的部分。这类内容可以通过回忆来重新进入意识当中。

第二，无法通过回忆想起来的部分。但这些内容可能通过推论或经验触动回到意识当中。

第三，还没有形成意识或永远都不会形成意识的内容。

荣格认为，若以一个整体来看待我们的心智，那么要了解自我，便要将无意识里面的那些失落的意识碎片捡拾回来，归到意识当中。即便我们终其一生可能都没办法将无意识内容拼凑完整，但从无意识中去寻找自己，我们才能发现自己身上最关键的特质。

于是，荣格大师将他在梦境中、神话里所寻找到的特质记录下来，塑造成一个个精彩的人物故事与意象，并且还将记录下来的不同种群的相似性给标记出来，用"原型"来称呼它。

荣格说："原型是我们祖先经验的储存物，但不见得是我们本身的经验。"

我们可以这么理解：某些发生在家族的、社会的、文化的，带有强烈情绪性记忆的经验，会通过某种"心理遗传"的方式，保留在人类的血脉深处。就像曾有科学家打趣说：男人喜爱操控汽车方向盘，是远古时期的男人需要用手握紧长矛来保护一家人生命安全的一种象征性保留；与此相对，女人之所以对逛街购物如此有兴趣，则是因为远古时期的女人被赋予四处采集果实放入怀里的原始意象。这种跨越时空而保留在我们内心深处的关于周围人、事、物的意象，便是"原型"；通过不同的"原型"，我们可以深入其中将阴影提炼出来，变成摊在阳光下可以被自己所用的特质。

在这本书中，我们仍以荣格提出的"原型"为基础。卡罗琳女士的"原型卡"则帮助我们缩短了探究与"阴影"相关的人物原型的历程，并且启发我们去发现"阴影"可能以什么样的逻辑在内心世界运作。我们将从情感、思想、行动、欲望四个方面，来探讨存在于我们无意识当中的原型意象，以及和这四个方面有紧密联系的潜在原型意象。

仿照荣格与卡罗琳的做法，本书也以普遍存在于我们日常生活的人物形象作为原型意象来进行具体讨论，系统化地协助读者认识可能存在于自我内在的无意识部分，理解人我之间可能具有的某些共通的相似性，并以此刻的生活日常为起点，联结个人过去的人生经历，甚至更深刻久远的个人历史。希望通过这样的历程，我们能让内心深处生长出更能贴近情绪、觉察自我以及接纳真实的力量。

卡罗琳的原型卡以七十四个人物来描述其中的具体意象，而在这些年的研究中，我们特别通过对实际生活的自由书写来探究原型意象与情绪的关联，经过删减、修正与整理合并后，保留了分别代表着情感、思想、行动、欲望四个方面的"共通原型"（其中"小孩"原型又分为五个方面），以及其他与共通原型紧密相关的潜在原型，收录在这本书中。

所谓的"共通原型"，指的是共同存在于你我内心深处、与情绪息息相关的部分，我们以"受害者""破坏分子""小孩""小丑"四种原型人物来描述：

1. 受害者（Victim）—— 代表我们内在的一种"责备他人"的情感倾向，只要在情感上觉得他人对不起我，就不用去面对过去还没有解决的心结。

与"受害者"相关的潜在原型为：霸凌者、英雄、神、父亲、皇帝、王子、女神、母亲、女皇、公主、恋人、友伴。

2. 破坏分子（Saboteur）—— 代表一种想要暗中破坏、背叛自己或他人意志的想法，和我们后天所受的教育有很大关系。

与"破坏分子"相关的潜在原型为：传道者、授业者、解惑者、诗人、说书者、书记、魔术师、提倡者、修行者、幻想家、工程师、处女。

3. 小孩（Child）—— 代表成长过程中面临的在"独立"与"责任"之间互相拉扯的张力，也意味着当我们踏出行动的脚步时面临的恐惧。

与"小孩"相关的潜在原型为：重建者、复仇者、解放者、反抗者、疗愈者、救世主、驱魔者、仆人、战士、运动家、变形者、寻道者。

4. 小丑（Clown）—— 代表我们对现实世界的欲望，同时也是对自己是否会出卖精神和身体的完整性来换取外在物质好处的恐惧。

与"小丑"相关的潜在原型为：富翁、乞丐、小偷、万人迷、伙伴、吸血鬼、上瘾者、赌徒、享乐者、闲聊者、间谍、吹牛者。

开始吧，理解并书写原型，穿透你心中的"阴影"

在这本书中，我也设计了协助读者重新建构与理解自己内在原型的书写活动。读者可以先仔细阅读每个原型人物的定义与事例，并回到自身的日常生活事件去不断反思，再跟着书中活动的引导，找出容易激发你阴影的原型人物，并发掘能够在情绪爆发时支持你的优势原型。

从下个章节开始，我将会详细介绍每一种原型人物的特质，并在每个段落的最后，提供对该原型进行自我觉察的相关书写活动。

在这之前，我想先提醒的是，当我们去寻找自己内在的原型人物特质时，先别忙着以"是非""对错"的批判性角度切入。依照荣格心理学的概念，原型本身虽然具有某些相对（两极化）的特质，但这些特质的好坏，仅限于我们的主观感受。

我们之所以分别说明每一种原型人物的两极的相对特质，就是希望以这种具体的方式，协助读者理解过去、掌握情绪，建构更为完善的人格。

比起做好人，我更愿当一个完整的人。

——荣格《红书》

第 2 章

那些说不出口，
又重复发生的情感体验

——阴影中的"情感"原型

情感共通原型

受害者原型（Victim）
——别人都对我不好！

光明面：考验我们的自省力，引导我们去看见自己可以负起责任的盲点。

阴影面：遇到事情时，倾向于先责怪他人，觉得别人对不起我。

从事心理咨询工作多年，我发现人们的内心世界存在一种有趣的想法，若用一句话来形容，就是会不知不觉地落入"别人对不起我"的感受中。所以，当我们遇到事情时，常常倾向于先责怪他人，这便是一种"受害者"的心理原型。

不同于儿童时期实际经历的创伤，"受害者"原型仿佛一种

"往坏处解读"的本能：我们内心时常上演各式各样的小剧场，明明我不想对不起你，却又承受不住你对不起我，心理上总是不自觉地浮现出被忽略、被牺牲、不被好好对待的感觉；但在情感的顾忌下，我们似乎也无法把这些负面感受说出口。人与人之间的关系因此而陷入纠结。最后，我们只得在生活中一次次地验证自己就是个不值得被爱的人。

关于"受害者"原型的文化根源，我们可以用殖民主义的历史意象来理解这种心理历程。

自古以来，当某个种族想要扩张自己的版图时，常常把脑筋动到相异文化的族群上去。比如说，公元十五世纪，欧洲人发现了美洲这个新大陆，就迅速地入侵南、北美洲，奴役当地原住民，导致成千上万的美洲原住民因为战争、饥荒和疾病而死亡。

黑人学者弗朗兹·法农（Frantz Fanon）是研究被殖民者心理状态的佼佼者，他出生于法属西印度群岛，中学时移居到法国，在医学和心理治疗领域都有相当杰出的表现，但却因为黑色皮肤而受到法国同胞的歧视，于是，他终其一生都在描写被殖民者遭受全盘否定的痛苦与压抑。法农在他的经典著作《黑皮肤，白面具》（*Peau Noire, Masques Blancs*）里是这么说的："这个世界只能通过白人的眼睛来观看，唯有通过白面具，黑人才能去除心底的焦虑。"所以，渴望"漂白"是黑人被殖民时最扭曲的悲哀，然而，这种肤色与种族的战争却在每个时代、每个角落重复发生。那种预期自己会被压迫的状态在人们心里生下了根，代代相传后，我们的无意识深处便蒙上一层"被害"的阴影，就如法农所形容的"大地上的受苦者"①。

法农说，这样的心态会让我们困在负面的情绪状态中，如同黑人幻想着"漂白"这种永远无法实现的愿望一样，我们只能用无能为力的怨怼来面对自己的命运，但事实上，唯有"拒绝当'奴隶'，'主人'才会消失"。换句话说，当我们习惯以一种被害的、被牺牲的眼光去看待这个世界、看待自己，我们也势必活在被害、被牺牲的体验当中。

这就是阴影的第一种发展方式：重复无意识里面的负面情感，让它重新活跃在我们的现实生活中。

好比下面两个例子：

又青和小萍是一对同时期进公司的伙伴，她们在参加公司的入职培训时并没有受到老板青睐，工作上也不得志了好几年，于是两人说好要互相加油，一起晋升到公司的管理阶层。某次机缘下，又青终于被主管指派一个重要任务。为了好好把握这个得来不易、表现自己的机会，又青使尽浑身解数全力冲刺，小萍自然一路在她身边陪伴打气。哪知准备过了头，又青在项目报告前得了严重感冒，老板为了不想给客户留下主讲人病恹恹的印象，临时改派也熟悉项目内容的小萍上场。结果，小萍通过项目报告一鸣惊人，成为老板眼前的大红人。庆功宴上，唯一闷闷不乐的就是小萍最

---

① 弗朗兹·法农，《大地上的受苦者》（*Les Damnes de la Terre*）（杨碧川译，台北：心灵工坊，2009 年）。原著出版于 1961 年。

要好的朋友又青，又青心里有一种复杂的感觉，仿佛小萍是拿她当垫脚石才获得的成功。

宥达最近研究生刚毕业，但是找工作时一直不太顺利。宥达毕业于名校里的热门专业，理论上似乎应该是工作来找他，而不用他大费周章地去找工作。没想到近来几次面试，宥达都没被录取，反而是几位成绩不如他的同班同学被录用。宥达心里相当不平衡，想起自己和系里某位负责产学合作（也称"校企合作"）的老师之前有过一些冲突，突然意识到可能是老师在背后挡他的路，于是他非常愤怒，又感到沮丧，觉得不论自己多有才华，也会落败在那些莫须有的毁谤上。

我也想邀请读者想一想，如果你遇到了类似又青和宥达的事情时，你的反应会如何？

所谓"受害者"原型，就是让我们心头浮现出沮丧的重大元凶之一。当我们觉得自己过得不好时，"受害者"原型会让我们习惯从他人那里寻找一个相对应的借口或理由，如此一来，我们就不用耗费力气去自我反省，也不用承担自己需要承担的责任。但久而久之，我们却逐渐将所有的能量耗费在埋怨别人上，不但压缩了自己内在独特性的生长，还更轻易地被别人左右了自己的心情。

此时，我们就可以回到法农的论点上来照样造句了：

拒绝当"被对不起的人"，"对不起我的人"才会消失。

拒绝当"受害的人"，"害我的人"才会消失。

是的，从心理层面来看，"受害者"原型的存在有一个朝向光明的意义，就是为了考验我们的自省力，引导我们跳脱过去的恩怨情仇，看见长大（成年）后的自己还没有负起足够责任的自我盲点。

面对"受害者"的人格原型阴影，可以怎么做?

想一想，哪些情境容易让你落入"受害者"的情绪状态中？这些情境有没有什么相似之处？

比如说，当负面情绪发生时通常遇到什么样的人？对方说了什么话、做了哪些举动会特别容易加强你的"受害者"状态？

你所在意的点是什么？你常出现的情绪又是什么？难过？生气？无力感？……哪些情感元素组成了你的"受害者"状态？

思考了上述细节后，请继续阅读本章的其他潜在原型，从你的人生经历中找出这种情绪状态与过去的联结。

情感潜在原型

在我们的生命当中，哪些人与我们相处的点滴、发生过的事情，给我们留下了深刻的印象？

有些人可能早已离开我们的生命，但我们心里或许明白，他对我们的影响还持续存在。当我们与当下环境中的人物相处时，那些或熟悉、或想遗忘的场景，还是不受控制地从心灵深处浮现出来。这些明明已经是很久以前的经历了，却还时不时地与现在的经历纠缠在一起，影响我们对人际关系的解读与感受。

为了深入"受害者"原型背后的情感脉络，接下来，我们将要谈谈十二个与情感记忆相关的原型，它们象征着我们从个人经验，甚至整个家族的经验中保存下来的带有恩怨情仇的记忆。当我们能够启动内在觉察力时，这些情感原型，便能对我们产生正面的、具有警示性的影响；否则，我们就可能陷入"受害者"的情感张力中而不自知，被不愉快的回忆纠缠。

这十二个潜在原型包含几个类别：

1. 影响"自我"意象的原型：霸凌者（不想成为的形象）、英雄（想要成为的形象）。

2. 象征"父亲权威和男性性别特质"的原型：神（完美父亲的源头）、父亲（勇气和权威的象征）、皇帝（对成功男性的期待）、王子（正向男性特质的想象）。

3. 象征"母性力量和女性性别特质"的原型：女神（完美母亲的源头）、母亲（孕育和照顾的象征）、女皇（对成功女性的期待）、公主（正向女性特质的想象）。

4. 影响"爱与竞争"感受的原型：恋人（全心投入的力量）、友伴（竞争与合作的选择）。

当通过觉察，跳脱被过去人生经历捆绑的情感牢笼时，我们才能更深层地与自己内在的无意识发生联结，唤醒心灵深处更贴近生命源头的力量。

霸凌者原型（Bully）

——我不想成为那样的人！

光明面：不再极端地评价自我与他人。

阴影面：避强趋弱，想要把强势的特质从自己身上排除掉。

霸凌指的是强者对弱者从身体、语言、文字上进行的压迫与攻击。霸凌者和被霸凌者之间往往具有权力或体型上的落差，因此遭受霸凌的人常有无力反抗的恐慌感受，以致受到某些心理上的伤害。

从心理学的角度来看，什么样的状况称得上"霸凌"？其实，这还牵连到个人的主观感受。

试想，如果你是一名学生，你非常喜欢坐在你旁边的女同学，结果这位女同学利用你对她的喜欢，每天向你索要一百元零用钱，否则她就不理你了，这算不算一种霸凌？

在旁人看来，这女孩明明就是欺负你嘛！但因为你非常喜欢她，即便她要你去撞墙来证明自己的心意，你可能也会毫不犹豫地照办。直到有一天你发现，她其实和班上其他同学联合起来整你，那种被羞辱的感受才会顿时涌上心头——遭受霸凌的创伤感也在真相浮现后才开始发生。

这便是为什么大多数人都曾感受到自己被霸凌过。在当下我们可能对某些事情毫无感觉，脱离那个场景后才越想越难过、悲愤、懊恼、生气、不甘心……但时过境迁，当初欺侮我们的那些人可能已经远去了，我们失去了在当时那个场景对抗霸凌的机会，所以那些"霸凌者"就变成留在我们心头的强大阴影，无意识地影响我们面对未来人、事、物的情绪状态。

当然，内心记挂着霸凌者的结果不一定都是负面的，我们身边总有许多遭受霸凌后立誓要靠自己的力量站起来，最后终于成大器的故事。但更值得思考的是，有些霸凌是会复制的——今日的"被霸凌者"壮大以后，若是心理上没有跟着成熟，可能变成明天的加害者；而相互仇怨也可能让今天的"霸凌者"变成明日遭受欺凌的那个。比如有这样一个故事：秦王三十六年，范雎被人陷害，魏国的相国魏齐怀疑他谋反，命人将他打得半死；于是范雎离开家乡打拼，并且受到秦王重用，秦王四十六年，范雎如愿得到了魏齐的项上人头。

范睢与魏齐的故事便是"君子报仇,十年不晚"这句话的典型体现。可惜,这么好的一段话,原来不是要激励人们别因遭受打击而坐困愁城吗?它却常常被解读成,用十年的操兵隐忍来向对不起你的人报仇雪恨,于是今天的受害者,可能变成明天的加害者。在心理咨询中,我遇到的被欺压后复仇成功的故事不少,也常常听到复仇者复仇后就失去了目标,心里感到更恐慌孤独的人生经历。所以"霸凌者"原型,实则在考验我们能否从对他人的怨怼情绪中,把自己释放出来。

霸凌者原型也显示出我们无意识中一种"避强趋弱"的情绪状态,使我们不自觉地想要把"强势者"的形象从自己身上排除掉。我们不希望自己成为一个给人压迫感的人,宁可在情感上保留遭受欺凌的感觉,让自己成为想象中值得同情的那一方,也不想沾上让人唯恐避之不及的恶霸形象。

就像《北风和太阳》的故事:某天,北风和太阳打赌,看谁能够让穿着大衣的路人脱下层层包裹的衣物。北风使尽全力狂吹,想把路人的大衣给吹跑,没想到当刮起超强大的风时,路人却把大衣拉得更紧,自大的北风宣告失败。接下来换太阳了,太阳徐徐地发散出光芒,将温暖不断送到路人身上,路人不觉得冷了,自然而然就脱下了大衣。最后,太阳成为这场赌注的胜利者。

读完这个故事,很多人把强悍的北风比喻成霸凌者,而赞颂太阳徐徐带给人的温暖,所以我们想成为太阳,不想成为北风。

所以,一日强悍,不见得终生强悍;再怎么可恶的人,都有他脆弱的地方。

"霸凌者"原型，促使我们跳脱情感上"好与坏""受害与被害"的极端评价，我们别再用一种单向的角度，去评论自己与他人身上的特质。

面对"霸凌者"的人格原型阴影，可以怎么做？

　　想一想，哪些你曾经被他人对待，或对待人的方式，是你至今仍然耿耿于怀的？

　　让你耿耿于怀的原因是什么？

　　清点一下，现在的你和当年的你有什么不同？你身上多了什么可用资源？

英雄原型（Hero）

——我想要成为那样的人！

光明面：勇于面对内心的自卑感，发展自我整合的精神力量。

阴影面：过度理想化自我，而脱离现实的人际关系。

如果说，"霸凌者"原型谈的是"欺凌与被欺凌""加害与受害"的概念；那么"英雄"原型，探讨的就是另一组相对的概念："拯救与被拯救""帮助与被帮助"。

人生是这样的：有人推你一把，通常也会有人伸手拉你一把。"英雄"往往代表我们在处于人生低谷时，有意或无意地拉我们走出谷底的那个形象，这个形象有时近在咫尺，有时远在天边。他可能是你遭受坏小孩追打时，行侠仗义为你赶走小屁孩的邻家大哥哥、大姐姐，也可能是你面临人生低谷时，无意间在广播里、报纸上听到看到的某人的一段话……这些都有可能变成我们内心的英雄，成为我们前往顺境的情感支持。

我自己内心深处也有一位很特别的"英雄"。当我中学时期对台湾地区升学体制感到怀疑时，完全找不到念书的意义，也从来没人有空坐下来和我讨论这些，但我也没有勇气潇洒地放下书本，去做所谓的"自己真正想做的事"。

某天，我从电视上认识了一位歌手兼演员，她也是一位主持人，她没有一般女明星的细致打扮和娇声娇气（是，这只是一种刻板印象），反而在鼻梁上架着一副大眼镜。她看起来敏捷聪慧，语带诙谐地向镜头外的我们说话。后来我才发现，这位女明星原来有着台湾政治大学新闻系的高学历。我这才明白，或许知识和努力、学校和学历，对人生还是可以有所帮助的。我也才终于说服自己，接受念书考试的意义。

许多人的生命中都有一个这样的存在，他们除了拯救和帮助，也以"楷模"的姿态出现。那种曾经被拯救、被帮助的感觉，常常在我们心里留下深刻的印象，我们并以成为这样的人为目标。这就是心理学所谈到的"英雄"形象：他往往在困境中奇迹般地出现，通常也出身卑微，或遭遇过极大的困难，但他总能很快地练就卓越的能力、对抗黑暗的邪恶力量。

然而，这种心理上的"英雄"意象，也常常使我们从"理想化"的角度去想象那些现实中被我们视为"英雄"的角色，然后不知

不觉地对自己产生超乎现实的期待，却又无意识地害怕自己陷入
骄傲的旋涡。

英雄还常常需要配上"悲剧"，也就是具有凄美意象的故事情
节。陷入英雄的阴影面时，我们心里可能会产生过度夸张的同情心，
让旁人感受到一份不切实际的高傲感，导致我们在人际关系上产
生某些危机。换句话说，当"英雄"原型占据我们的情绪状态时，
可能让我们变得善于和能力差自己一截（想要拯救、帮助他）或
高出自己一截（想要被拯救、被帮助）的人相处，却不善于与"同
类""同辈"相处。

英雄心态之所以让人感到孤独，是因为我们一直认为，英雄
总是靠自己的力量独自爬上那座最艰难的高峰，前往别人都去不
了的那个角落。然而，在分析心理学的概念中，"英雄"的旅程①
指的是一种对自己性格的全面理解，把"英雄"光环下的自卑与
黑暗整合，让自己在各种不同的身份中，都能找到出路。

---

① 莫瑞·史丹（Murray Stein），《英雄之旅：个体化原则概论》（*The Principle of Individuation: Toward the Development of Human Consciousness*）（黄璧惠、魏宏晋等合译，台北：心灵工坊，2012 年）。原著出版于 2006 年。

面对"英雄"的人格原型阴影，可以怎么做？

想一想，你的先天环境和个人条件有什么令你感到不满的地方？（例如：小眼睛、家境贫困……）

再想一想，这些令你感到不满的地方，如何影响你成为现在的自己？在你的人生中，哪怕只是一瞬间，有没有曾经出现什么可以扭转你的"颓势"的情境，让你觉得自己是个蛮可爱的人？

神原型（God）

——完美父亲的源头！

光明面：不管在任何情境中，都保持对真善美的信任。

阴影面：希望超越人性的自我期待，关闭情感功能，变得冷酷无情。

　　说起"神"，很多人会想到古希腊神话里的天神宙斯，或是民间传说里的玉皇大帝。"神"像一种至高无上的存在，"神性"和"人性"最大的不同，在于"人性"除了真善美，还有邪恶与仇恨；而荣格曾经说，"我们都在绝对中寻找神"，因为它代表了绝对的真善美，所以只包含了人的一半。换句话说，"神"是拿掉邪恶部分后的"人"，是我们内在完美的化身。

从心理层面来看，"神"也是一个完美父亲形象的源头，我们想象他们除了拥有超凡的力量，还有一双比凡人更能明辨善恶是非的眼睛。当我们遭遇不平、看到极大的恶行时，会用"举头三尺有神明""不是不报，时候未到"来安慰自己，相信有一股超越凡间的能量，在冥冥中维持人世间该有的伦常秩序。

所以，"神"原型象征着我们精神世界里的情感寄托，支撑我们在逆境中攻克难关、砥砺前行。因为"神"原型的存在，我们能去面对那些不公平的行为；因为相信善恶有报，我们能在那些最坏的时光里，还保有对善的期待，让自己不至于在绝望中做出毁灭性的行为。

然而荣格也说："如果神是绝对的美与善，他如何包容生命的完整性？""如果神只包含人的一半，人如何能活在神的怀中？"

当我们内心深处的"神"越在高处，我们就越难去亲近他，也越难感觉到自己被他爱，这同时也是"神"原型所展现出来的阴影面：当我们用"神"的标准来要求自己时，周围的罪恶就被放大，世间的许多事物也变得难以忍受。我们等待美好的耐性降低（不允许自己不完美），压抑邪恶的本事却变高（不允许自己展现出崩坏的一面），我们逐渐走向一条封闭自我表达之路，无意识地将情感放到心灵的最底层，而不知不觉地只呈现出冷酷、无情的那一面。

下面这些，都是活在"神"原型的完美要求与阴影下的自我对话：

"你怎么这么笨？"

"你太胖了，不要再吃了！"

"为什么这么简单的事情你都做不好？"

"你到底要把事情搞砸多少次才能学会？"

"你怎么不能再多想一点儿？贴心一点儿？主动一点儿？"

……

深入看这些话，我们才发现这些话往往非常熟悉，其中有一半是复制我们小时候曾被父母等重要的人数落的话语，另一半则是我们对自己达不到"完美"境界的自我责备。前者是我们的家庭经验，后者则联结了社会文化等更深层次的内容。

我们来看看大男生庆嘉的例子，并且想想，如果我们面临这种状况，要怎么从这种负面情绪状态中跳脱出来？

庆嘉小时候只要遇上不如意的事情就会想哭，但爸爸总是告诉他："男孩子不要为那些小事轻易地掉眼泪。"只要想到这句话，庆嘉就会吞下所有的委屈和眼泪，若无其事地站起来，回到书桌前做他该做的事。遇到课业与工作上的挫折如此，面对情感挫折时，庆嘉也是如此反应。

庆嘉皮肤天生黝黑，青春期时由于过度关注课业，满脸都是青春痘，在压力下脸被他抠得坑坑洼洼，常常被人戏称是"月亮脸"。因为这个状况，庆嘉总是对"美女"特别向往，或许是潜意识认为：自己其貌不扬，如果另一半有一张精致美丽的脸孔，生下来的小孩就会有"优生"效果。所以庆嘉总会爱上团体中最漂亮的女子，然后被美女们以"我不想和'月亮脸'交往"拒绝。

当庆嘉面对爱情挫折时，爸爸告诫他："不要为这么小的事情掉眼泪，神会保佑你，赐给你一个真正内外皆美的女孩。"只是对庆嘉来说，情感挫折并不像课业上的挫折那般容易平复；每当被女孩拒绝时，他就感觉到心里有一股愤怒的火在燃烧，但庆嘉从来不敢将这种心情告诉别人，因为这是"神"（其实也是爸爸）所不允许的。

终于，庆嘉在色情片中找到了消解这份怒火的出口，情节越残暴的片段越让他感到快活。渐渐地他迷失了……迷失在这种不被"神"所接纳的"淫荡"里。二十三岁那年，庆嘉第一次割腕自杀。庆嘉躺在医院的病床上，身旁的爸爸努力不让眼泪滚落下来，睁大眼睛问他："你怎么会为这种小事想不开？你怎么会变成这样？"

庆嘉转过头去不说话。

当我们没办法和自己真实的情感接触时，"神"原型也会形成一种负担，使我们不自觉地排斥某部分的自己，也就是那些我们误认为会让自己坠入地狱的部分。这就是庆嘉遇到的问题。从爸爸的表达习惯中，他从小感受到某部分的自己（那个爱哭的自己）是被爸爸（爸爸的形象太过强大，就与心中的"神"原型结合在一起）拒绝的，但他不敢去体会被拒绝背后的失落，转而把爸爸的情感吸纳到自己的内在，这相当于他和爸爸一起拒绝了那部分的自己。

庆嘉不曾去面对这个真实存在的事实，所以他通过自我伤害，来割除那个不被接纳的自我。

想一想，如果你和庆嘉一样，也感受到自己身上被拒绝的那部分，你会怎么办？

荣格用"新神"的概念来为我们提供了出路。荣格说："当善与美冻结在绝对的理念中时，仇恨和丑恶就会变成充满疯狂的生命泥淖。"他引用基督的例子："必须经历地狱，不然不可能升到天堂。"虽然我们畏惧看到自己的丑恶，但是没有进到丑恶深处，怎么可能到达真正善与美的高处？换句话说，不接纳丑恶的人，怎么可能有机会到达自己所幻想的神一般的境界呢？所谓的"新神"，就要能够接纳含有丑恶的真善美，就要理解一个完整的神是具有情感的。

我们之所以活着，也是在学习体会这种"新神"的定义：身为一个人，重要的是"完整"，而不是"完美"。或者应该说，一个完整的"神"，才堪称完美。

最后，让我来把庆嘉的故事说完：

在医院的病床上，庆嘉把身子转过去，他感受到自己对在旁边絮絮叨叨的父亲一阵愤怒，然后他背着身子说："我讨厌我的痘痘，我讨厌我的黑皮肤。我讨厌你一直碎碎念，我讨厌你说的每一句话……"

后来庆嘉告诉我，他最讨厌的，其实是那个什么都不敢表达的自己（不是痘痘，也不是黑皮肤）。

庆嘉和他的父亲至今仍未"和好"，但他起码可以和自己内心的"神"的形象和好。他表达了自己想说的东西后，慢慢地不再自杀了。他和一个"不是美女"的女人结婚，并认为这也是一个学习爱自己的历程。

人既非神，孰能无情？哪怕这世界上，没有人能懂得我们心底的情感，我们也不要成为对自己最无情的那一个。

面对"神"的人格原型阴影，可以怎么做？

请写下一至三个你小时候曾经被取过的绰号。这些绰号是怎么来的？你怎么看待这些绰号？

请写下三至六个你觉得自己有的缺点。这些缺点你是怎么发现的？你曾经有没有因为这些缺点而被人数落过？或者吃过什么样的亏？

从1分到10分，你对这些缺点的讨厌（或拒绝）有几分？如果降低这个讨厌程度是走向完整人生的其中一个选项，你可以做些什么来降低自己对这些缺点的讨厌程度？

除了你，还有谁跟你一样讨厌你的缺点？如果这些人就在你身边，你想对他们说什么？

父亲原型（Father）

——对父性权威的想象

光明面：拥有走向外在世界的勇气，知道自己该做些什么事。

阴影面：对权威和暴力感到恐惧，觉得总有个声音在批评自己。

心灵中"神"原型的存在，影响着我们对"父亲"形象的实际体验，让我们往往带着某些无意识的期待与渴望，去和现实环境中的"父亲"相处。因此，我们感受到的关系质地，其实有很大部分来自内在的想象。

在精神领域，"父亲"原型象征着我们走向外在世界的勇气、我们对权威和权力的看法，以及我们内在的自我尊严与自信。正面的"父亲"原型，能稳稳地支持孩子、被孩子倚靠。我们内心渴望的父亲形象，能够为孩子指出光明在哪里，能保护孩子不要误入黑暗的洞穴，使孩子能在充满威胁的外在环境中感受到一股来自心灵深处的稳定力量。如果我们能够顺利内化一个正向的"父亲"原型，心里就仿佛有一盏明灯，推动我们的人生毫不畏惧地朝向梦想所在的方向前进。

然而，在许多文化中，"父亲"同时也被社会大众期待成为家庭经济的来源，是他自己家庭的命脉和依靠，以致许多男性成为父亲后，心理上仍无法脱离原生家庭自立，而在重重的束缚中，变成婚姻家庭里那个不轻易显露情感的"权威"角色。很多孩子因而产生"父亲缺席"的感受，或者觉得与父亲之间有强烈的"疏离感"，不知道怎么靠近家庭里的这个仿佛"神"一般的角色，仅仅活在对父亲的想象中，无意识地受到父亲权威的控制。

当父亲和孩子缺乏情感交流时，他们实际上的心灵互动就不足以让孩子在内心描绘一幅稳定的父子关系画面，因此在孩子心中，"父亲"跟从没见过的"神"没什么两样，这两个原型很容易互相吸纳，交错在一起，变成一种心灵上遥不可及的存在。再者，许多传统教育下的男性面对情感困难时，常用"暴力"和"外遇"等失序的方法来处理，让"父亲"成为许多家庭中，令孩子们"又爱又恨"的角色。

寻求父亲的关爱，却不可得；否认父亲的存在，却又不自觉地在现实生活中模仿父亲。"父亲"形象在许多人的记忆中，成为一种极其纠结的存在。

"父亲"原型的心灵体验越纠结，我们内在就越可能出现下列的情绪状态：

1. 没有办法拒绝别人，很难跟别人说不（没办法拒绝自己内在的权威形象）；

2. 常常批评自己，觉得自己什么事情都做不好（内在的权威形象在批评自己）；

3. 没办法相信自己，害怕为自己负起责任（内在的权威形象没办法肯定自己的能力）。

……

当一个人成年后，上述的这些声音其实和实际的父亲已经没什么关系了，然而与现实环境中的父亲或近或远的相处体验，却逐渐形成我们内在权威的影子，影响了我们某部分的生存方式。对男性来说，可能影响他们对自己身上男性性别特质的认同；对恋爱中的女性而言，她们则可能将这种对父亲的期望投射到伴侣的寻找上。

接下来，我们一起看看发生在宣明身上的例子。

宣明从小就没有爸爸，在他很小的时候，妈妈告诉他："你就当你爸死了吧！忘记那个没良心的男人。"

宣明很懂事，从来不会也没兴趣探索询问父母之间发生了什么事，但他可以感受到妈妈心里对爸爸的怨恨，因此他所能做的，就是尽量淡化"父亲"角色对家庭、对他的重要性，显示自己对"没有父亲"这件事一点儿也不在乎。然而有趣的是，虽然父亲从小缺席，母亲对他也没有太过严厉，但宣明却对自己要求极高，如果有什么事情做不好，就会闷在心里生气，却又不会表现出来。

宣明进入职场后特别有女人缘，她们大多对他印象很好；但男性主管们对他的评价就不太好了，他们都说宣明高傲不受控，眼睛长在头顶上，又自以为是。把男人和女人对宣明的评价放在一起看，结论简直天差地别，大家都不敢相信这些形容词是形容同一个人的。

宣明自己也很苦恼，但只要是男性主管说话，他就不自觉地想去挑战、或挑他们的毛病，不管他怎么隐藏这一面，他和男人的关系就是没办法改善。

宣明的问题出在哪里呢？

一个人如果只接触"父亲"和"母亲"中的某个角色，或被要求只能对其中一方忠诚，而被迫去贬抑另一方，便可能使他未来与不同性别的人相处时失衡。换句话说，在宣明的交际圈中，不论是女性或男性所认识的他，都只是某部分的他：其中一个是从母亲那儿学习到怎么与女性相处的他；另外一个，则是从缺席父亲的影子中，学习到怎么与男性相处的他。对宣明来说，"父亲"原型在他心中是破碎、不完整的，甚至是一种他不愿承认的存在，所以他也很难正向地展现自己身上与"父亲"相关的男性特质。

许多有过类似经历的朋友会问我："可是怎么办呢？对我来说，感觉'父亲'形象就是这么糟啊！"

这其实是因为我们还没有真正了解到"父亲"角色的各个方

面，以致心里缠绕着"一竿子打翻一群人"（我爸不好，全天下的爸也都不好；我爸批评我，全世界的像爸爸一样的男人也都会批评我）的情感纠结。当发现自己的心灵正被某个原型的阴影面所占据时，最好的方式就是更通透地去认识它——我们可以试着去寻找自己父亲的过往故事，也可以去了解更多不同的父亲的故事。

最终，我们会发现，"父亲"并不是只有我们以为的那个样子，还有许多我们不了解的样貌。在这个不断了解的过程中，我们才能逐渐摆脱现实中负面的父亲形象的影响，找到那个可以为内在提供勇气、关爱和自信的"自己的父亲"。

面对"父亲"的人格原型阴影，可以怎么做？

有空时，翻一翻家里的老照片，然后想一想，你对父亲的印象（想象）是什么？父亲最常对你说什么话（或者不说话）？父亲对你而言是什么样的存在？他的美好与不美好如何影响你的人生？

你觉得自己从父亲身上学到了什么？有什么是他可以做到，而你没办法做到的？有什么是他没办法做到，但你却可以的？

那些没办法从"父亲"身上获得的，你可以怎么提供给自己？

皇帝原型（Emperor）

——男人就是要出人头地

光明面：能为他人和组织着想，有能力将团体组织起来。

阴影面：被体制压抑，想获得认同而无法成为自己，又对权力着迷。

"皇帝"也就是"国王"，是父权体系下的领导者，我们对"父权"体制的想象与学习就是从此处得来的，它隐含我们对男性和组织领导者的期待。古时候的人认为，身为王者乃是一种天命，所以他们大多以代代相传的方式，将王权托付在同种血脉的后代身上，强调君臣有别、遵守伦常。这仿佛也在告诉我们：人，生来就必须活在一个受到社会认可的框架与制度之下。

皇帝既然是"天命"，就必然有与众不同的特点，可能是天性聪慧、骁勇善战，或是行事果断、不怒自威。古时候的人称国王为"国君"，意味着掌管一国之王得具有"君子风范"：在治理国家时，能够开明而仁慈，多为他人的利益着想，还要能感受到人民的需求与痛苦，具备看得见未来的眼光。

简而言之，皇帝的人生不能仅仅是他自己的人生，更应是为了人民、为了国家而存在的人生。

就心理层面来说，"皇帝"原型既是我们心里遭受环境体制束缚的那一面，也是我们期待获得社会（大多数人）认同的那一面。因为感知到自己活着受到束缚，我们便会督促自己往更能获得认同的方向前进，幻想如果有一天能走到那个权力顶端的位置，就不用再受制于人了。所以，"皇帝"原型也代表一种自我期许、一种鞭策自我向前的动力，它映照出我们心灵深处对权力的执迷。

皇帝通常住在深宫内苑，如同国王往往深居高处的城堡，因此"皇帝"原型也反映了我们内心世界的孤独，以及与现实环境的远离。

接下来我要谈谈"皇帝"原型在逸先身上的展现。

逸先是一位聪明绝顶、非常有野心的男人，他的脑袋里有许多创新概念，喜欢接受旁人所不能为的挑战。而且，逸先对攀上权力顶峰有很强的执着，而"顶峰"对他而言，是开疆拓土的创业者，能够挤进全球前几大富人榜；用逸先的语言来形容，就是要成为"上流社会"的一份子。

一介"平民"欲跻身"上流社会",自然得付出许多代价。逸先找亲友投资了几个项目,没想到钱都烧光了,还没能如愿成为"上流社会"的一份子,却认识了几位"上流社会"的千金小姐。几乎不用经过考虑,逸先决定效仿八点档男主角的发迹方法——娶个"上流社会"的富家千金。其实这种想法也无可厚非。唯一让人诟病的,是他和这些富家千金同时交往。

最后,逸先选择奉子成婚,和其中一位千金小姐结婚,他想要低调举行婚礼,"上流社会"里的消息却传得比什么都快;其他被甩的女人们当然恨死他了,一状告到他岳父大人那里去。岳父大人本就对自己女儿"下嫁"给一个不知从哪儿冒出来的无名小卒十分火大,听到外头的流言后,一气之下就把女儿召唤回家,连两人生下的"爱的结晶"也一并带走了。

逸先还没捞到什么好处,人和钱财就全都飞了。然而直到此刻,他最心疼的仍然不是被他辜负的妻子和孩子,而是他错失了进入"上流社会"的入场券。

逸先究竟为何如此执着于进入"上流社会"?我们从他过去的经验来寻找脉络,发现他年少时读的皆是知名的私立小学、中学:身为"平民"阶层的父亲,将身家财产全都砸在逸先这个独生子身上,从小就告诫他将来一定要"出人头地";同样,他身处的教育环境也在培育他未来"出人头地"。

可就在逸先还在念初中的最后一年,父亲得了癌症,医药费高得惊人,父亲拒绝接受治疗,因为"这些钱是我儿子念书要用的"；父亲临终前，仍不忘嘱咐逸先："一定要出人头地。"逸先还来不及和父亲厘清"出人头地"的定义，父亲就在病床上咽下了最后一口气。

那双一直到最后都未合上的眼睛，时常纠缠在逸先的梦魇中。父亲是家中的权威，在他生前，逸先从未与他有过父子谈心的时刻；在他死后，逸先接下了这份"出人头地"的执着，继续接棒攀登父亲还未登上的人生顶峰。

"这真的是你想要的吗？"逸先的富家前妻说，"我可以接受一个因为有所企图而和我在一起的丈夫，但我没办法忍受一个连自己要什么都不知道、'没有灵魂'的丈夫。"

这也是我们被自己心里的"皇帝"原型给激发，变得拼命要获得别人认同、成为"人上人"时，需要问自己的一句话："出人头地以后，我就真的能够认同自己了吗？"

面对"皇帝"的人格原型阴影，可以怎么做？

你身边的人眼中"出人头地"的定义，以及你眼中"出人头地"的定义分别是什么？请写下来。

从两者定义的"交集"开始，去学着在你的生命当中实践它。并且反省，你有没有不自觉地用两者定义的"相加"来要求自己。

王子原型（Prince）

——男孩的性别学习历程

光明面：先天具备体能和才华的优势。

阴影面：因为害怕失去天生的优势而感到恐慌，转而欺压弱小，缺乏同情心。

什么样的人会被称为"王子"？在小学校园里，不外乎是那些天生长得比较高、外表阳光帅气、运动神经又发达的男孩，体育课时他们很快会成为全班关注的焦点；还有，课堂上反应快的、学习成绩亮眼的、时常被老师点名去参加各种赛事的……而上述这些特征又可能和家庭的经济状况有关联，较高比例的富裕家庭可以帮助孩子及早学习，打造美好的外表，或者有机会借由物质层面来引领同辈间的潮流。

在每个孩子的群体中，也存在着一个隐藏的权力顶峰，那里有令人羡慕赞叹的、美好的一切。"王子"原型便象征着那些在童年时期，令我们嫉妒与羡慕的人生境遇和特质，里面也隐含着社会对男孩的刻板印象与期待。

按照青少年心理学的观点，体能好和聪慧都属于青少年的"优势"，拥有这些特质的孩子，比较容易成为团体中的领导人物，因此有较多机会可以获得表现自我的舞台，从而建立自信心。从心理层面来看，这就好比古代"王储"的养成，他们同时也被期待有领袖风范，能够宽宏大量、怜悯、绅士般地对待周围的人、事、物。

然而，"王子"也是不好当的，"天生的优势"同时也可能造成他人对他们的过度期待，认为他们应该表现出一副"应该表现的模样"。至于那个模样是什么，当事人哪会知道？因此，要把"王子"搞疯也蛮容易的，只要一人说一句对他的期待，"王子"很快就会被沉重的压力给逼死了。

所以，"王子"原型除了是我们年少时对他人的羡慕，同时也是我们对自我的期待；它是一个备受尊崇的地位，同时也是青年人孤单的高塔；是一种享受，同时也是一种框架。于是，不快乐的"王子"原型悄悄地占据人心，让人变得自我膨胀、贪求权力，目中无人又缺乏同理心，长此以往，还可能变成无法在生活上独立自主的成年人。

来看看下面的例子。

根据小学同学的描述，阿德小时候就是一位风度翩翩的"王子"：长相好、体格好、功课好，是小女生未来都想要嫁的那种类型。再讲得夸张一点儿，他走出校门的时候，女孩们都会在旁边列队尖叫。不幸的是，进入青春期后，他脸上冒出了恼人的青春痘。

看到阿德脸上的惨状，他妈妈说："宝贝，你一定是吃太多油炸的东西了。"从此以后，阿德不再敢吃零食，饮食也尽量清淡。

可是，青春痘并没有这么简单地放过阿德，仍然一颗接着一颗地长，熬夜念书所导致的内分泌失调，让他的体型也一下子变得相当臃肿。后来，没有女孩愿意再对着他尖叫了，老师也不再派他代表班上参赛，偶尔还有人鄙视地小声嘲讽他。

"王子"就这样从高塔上摔下来了。

事情演变至此，身为贵妇的阿德妈妈又说："不要管那些人，你跟他们完全不一样。"

于是，因为心里那股需要维持自己与众不同的冲动，阿德开始虐待小动物。终于，他似乎拥有了一点儿"掌权"的感受。

渐渐地，阿德越来越大胆。有一天，他母亲被叫到学校，处理他殴打同学致急救送医的事件。一直到移送法办前，阿德的母亲还直嚷着自己的孩子不可能做出这种事。

"一定是你们误会了。"阿德的母亲用贵妇般"优雅的"语气说。

"你真是活在自己的世界里！"看着母亲的反应，阿德只是在心里呐喊，没有吭声，因为心里的"王子"原型不允许他脱口说出这么粗鲁的话。

这是一种封闭式的性别学习的家庭特征：很多父母习惯用自己对性别的刻板印象去教导自己的小孩，用直接或间接的方式告诉孩子，哪些行为举动是被允许的。外在的其他新观念进不来，许多"王子"和"王子他爸、王子他妈"就变得活在自己的世界里。

其实，如果能让社会环境中的新信息进入到原本封闭的家庭系统里的话，我们会发现：一个"王子"应该长成什么样子，可能性还很多，并且是可以自己选择的。

面对"王子"的人格原型阴影，可以怎么做？

想一想"小时了了，大未必佳"这句话，在你身上是否也适用？哪些曾经存在你自己身上的光环，现在已经消失了？失去那些你曾经拥有的东西，你的感受如何？

如果从此刻起，你可以再次寻找属于自己的光环，有什么是你后天能够掌握和创造的？

女神原型（Goddess）

——完美母亲的源头

光明面：具有优雅、疗愈性的柔美力量。

阴影面：放纵又自恋，滥用自己的性感特质。

　　具有神性的"女神"原型，心理学家诺伊曼（Erich Neumann）给了它一个称谓，叫作"大母神"（The Great Mother）。[1]这在我们的集体无意识中，被视为一种最古老的原型根源之一，也就是我

---

[1] 埃利希·诺伊曼（Erich Neumann），《大母神：原型分析》（李以洪译，上海：东方出版社，1998年）。

们对诞生和孕育的记忆，对生命最初被滋养的丰盈感受。

翻翻过去的文献，我们会发现许多部落和原始社会对"女神"的记录，多是"丰乳肥臀"的形象，特别强调乳房和臀部这种关联着哺乳和生育功能的身形特征。回到民间传说里的女神，也个个拥有姣好的女性身形，带着慈爱光辉的神性色彩，是人类不可侵犯的庄严的形象。在现实中，她们也常常是万千男人"可远观而不可亵玩焉"的梦中情人。女神存在于书里、故事里、艺术作品里，是凡人无助时所盼望的柔性力量。

然而，在心理层面上，人们对"神"和"女神"的祈求却有所不同：严格来说，我们期待"神"来赐予勇气，渴求"女神"的却更多的是她的抚慰；而且，"女神"的抚慰又不能太多，不能想要就给，必须得保持一点儿距离。所以，霸气的女人被称为"女王"，带有孕育能力的温柔的女性则被称为"女神"，两者形象之间有着非常明显的分界线。

当然，"女神"原型也有她黑暗的地方——如果"女神"的抚慰过了头，就会坠入凡间成为凡人，变得太过性感，引发人的贪婪、自恋与骄纵。女神只能是高高在上的，太过亲近就违反了她完美的本质，也亵渎了我们心灵中被摆放在高处的那片净土。

我们再走近一点儿去了解"女神"这个原型的内涵，她其实也象征我们在婴儿时期对"母亲"（子宫）角色的想象与憧憬。换句话说，我们对"女神／大母神"（大子宫）的想象，也影响了我们和现实环境中的母亲相处的体验。倘若我们实际生活中的母亲，是一种形象美好但却无法亲近的存在，就可能和我们内在的"女神"形象纠结在一起。如此一来，我们便空有对母性的幻想，却缺乏母性的抚慰和体会，于是我们逐渐变成一个不会和自己内在母性力量共处的人，也变得缺乏与人心灵交流的能力。

看一下下面的例子。

在许多人的心目中，品洁就仿佛女神一般的存在：她高挑优雅，穿着飘逸，举止温文尔雅，EQ（情商）高得令人无可挑剔，她嗓音甜美，喊起名字来会让人感到心头一阵酥麻……很多人日夜思念着她的倩影，幻想着她的怀抱是那么温暖无比。

有趣的是，品洁的婚姻大事一直进行得不太顺利：前任男友离开她的理由，是说她"难以亲近"；前任老公劈腿品洁的闺蜜，给她的理由是"你没有我也可以过得很好，她（闺蜜）没有我却活不下去"。品洁虽然心里难过，但她还是忍着眼泪参加了闺蜜和前夫的婚礼，闺蜜的婚纱下藏着微微隆起三个月身孕的肚子，她满心愧疚地对品洁说："我对不起你，我和他真的是情不自禁。"

品洁摇摇头，示意闺蜜要保重自己的身子；一同参加婚礼的好友看不过去，说要帮她打前夫出气，她还是摇摇头。最后，大伙儿一块儿叹了口气，对品洁说："你真是个完美的女性！为什么男人都不懂得珍惜你这么好的女人？"

闺蜜和前夫的婚礼结束后，她收到前夫发来的信息，上头写着："直到现在，我都怀疑自己其实还爱着你；但也直到现在，我仍然觉得自己并不了解你。或许是我真的配不上你，只希望你好好保重。"

品洁的眼泪终于滑落下来，心里想着："失去你，保重又有何用？"她还是收拾行李，离开了前夫留给她的房子。她将所有私人物品送上搬运货车，回到那个养育她长大的原生家庭。

她的原生家庭的房子比前夫留给她的房子还要大，可是那里面只剩下一个老太太了。

品洁跳下出租车，走在前头，为货车司机打开房子的大门。只见老太太端坐在客厅的电视机前，旁边有一个毕恭毕敬的外籍看护，正小心翼翼地为老太太揉捏双脚。

虽然从老太太脸上，看得出来她年纪已长，但她脸上优雅的微笑毫不保留地透露出她年轻时的风韵；她对着进门的品洁说："你回来啦？这样的男人不要也罢。"

"是的，妈，我回来了。"品洁谨慎地藏起方才对前夫的不舍，用优雅的女神般的微笑回应这位老太太——她的母亲。

这或许就是身为"女神"最大的哀伤了：只要展现出完美的形象就好，只要优雅地将注意力放在别人身上就好，自己不能有太多忧伤的情感反应。否则，如果哀伤的感受不小心显露出来了，我们该如何担负得起那种与别人亲近后所引发出来的无法驾驭的内在冲动呢？

面对"女神"的人格原型阴影，可以怎么做？

请用一至三句话来描述你不喜欢自己的哪些特质，想一想，平时的生活中，这些特质容易出现吗？如果别人看见这样的你会怎么想？如果遇到了一个你想亲近的人，你会如何对他展现出这一面？

可否从今天开始，从刚刚的描述中挑出一样特质，放在你所喜爱并信任的人面前，和他讨论彼此的感受？

母亲原型（Mother）

——对母亲关怀的渴望

光明面：孕育、有耐心，关怀他人，相信自己的情感能被人接纳。

阴影面：被吞噬不放或丢弃不管的恐惧笼罩，在"独立"和"依赖"间挣扎。

在客体关系心理学中，心理学家把"母亲"原型的意义形容为接纳我们情绪状态的"容器"①。也就是说，当我们因莫名情绪占据内心而无法平静时，母亲要能接纳我们的情绪。通过她对这些情绪的理解，回过头来协助我们消化、反刍自己的情绪。于是在这个过程中，我们拥有了情绪调节的能力。

在心理学中，母亲原型所象征的"容器"形象，不只是情感上的接纳包容，也代表人类的共同经验里，对于母亲是"给予生命的人"这种深刻的记忆——我们从母亲"容器"中诞生，因此母亲"容器"也应该持续孕育和保护我们。

在正向的母亲关系中，我们有着被她爱甚至溺爱的幻想，想象着自己被吸进母亲"容器"中，安稳地有所依归，共同生存且永不分离。然而，过度吸入则变成一种"吞噬"，当母亲将我们含在"容器"中不肯放手时，我们的视野就因困在"容器"的方寸间而变得狭隘；在"容器"里面被保护太久，我们就不知不觉地失去自我生存的能力。

相反，有时我们也会遇上丢下我们不管的母亲"容器"，她虽扮演"孕"的角色，却不愿"养育"，拒绝成为我们幻想中的完美"容器"，让我们感受到重重挫折。于是我们心理上产生了某些纠葛，因为害怕被"容器"丢弃而感到恐慌，有时却又生气地想要和"容器"

---

① "容器"既是《大母神》中所形容的母亲子宫的象征，也是精神分析师威尔弗雷德·鲁普莱希特·比昂（Wilfred Ruprecht Bion）的著名理论。在比昂的眼中，婴儿会投射各种原始的、他无法消化的东西到母亲身上，母亲一开始也不一定能消化，但她的心智就像容器一样，会将这些原本无法思考的内容转化为可以思考的思想后，再回馈给婴儿。

保持距离……"依赖"和"分离"变成我们心理上无止尽的争战。

还有一种进击版的母亲"容器",因为母亲自己对"容器"（她母亲）的想象和要求无法如愿,就反过来要求孩子不应该依赖母亲,甚至一厢情愿地期待孩子成为自己心目中的模样。孩子如果还处于自我功能尚未长成的幼儿期,遇上这种与其心理发展状态不符的期待时,很容易引发其内心过度依赖母亲的罪恶感,形成低自尊的人格。

从下面的例子中,我们一同来看看"母亲"原型的阴影面是如何影响我们的现实生活的。

湘凌是个非常不喜欢被管的人,她刚进入职场时,对于主管想要指示她如何完成交办任务这点,感到非常不舒服。湘凌觉得自己只要将成果报告给主管就好了,主管一追问她的工作细节,她就不自觉地感到耳根子发热,心里有股怒火。经过自省,湘凌发现这是一种不被信任、不断被压迫的感觉。用"母亲"原型的概念来看,这种压迫感来自被对方（容器）吞噬的恐慌。

雨恩有喜欢当和事佬的毛病,如果团体中有人吵架,她就会对那种僵持不下的气氛产生反应,不自觉地做出某些事情,想要让那些争吵的人恢复喜悦。经过自省,雨恩发现她是想要阻止那些吵架的人离开这个团体。用"母亲"原型的概念来看,雨恩心里隐藏着对被抛弃的恐慌。

类似的状况也发生在阿翔的身上。阿翔最怕和女朋友吵架,虽然两人已经交往多年,但每次发生争执时总是阿翔让步,放弃自己的坚持。经过自省,阿翔发现自己非常害怕因为自己的固执会让女友感到伤心而离开他。

当出现上述情绪状态时，其实就是想要获得对方关爱的时刻，当然，背后对应的或许是我们过去回忆中那些不被关爱的时刻。通常在这些时候，我们会把焦点放在与我们产生情感纠葛的对象身上，不自觉地埋怨他们用情感的手段来压迫我们，迫使我们产生某些行为——这种心情很像童年时面对自己的母亲（或照顾者），想保持自我又不想让她失望，情绪的张力就只好不断往自己内心深处摆放。

在这样的关系中，"权力"占了上风，代表彼此关系联结的"爱"居于下风。暗藏在"母亲"人格原型阴影中的被吞噬感和被抛弃感，就在这种权力占了上风的状况下席卷我们的内心，使我们的自我觉察力被情感淹没，失去运作的功能。因为感受不到关系的联结，我们只想要得到对方的关爱，而忘却我们更需要去关怀自己。

知道自己可以在这种时刻重新启动觉察力后，湘凌、雨恩和阿翔分别有了面对上述情绪的内在语言：

被主管追问时，湘凌会深呼吸并且告诉自己："不是主管真的不相信我，而是我害怕他不相信我。所以我要多给他一些时间，让我们可以学习彼此信任。"

又想要跳出来当和事佬时，雨恩会这么告诉自己："先等一等，再观察一下，我可能会发现情况并没有那么糟。"

阿翔则是问问自己，究竟想不想一辈子压抑自己的心情来和女友相处？他的答案是否定的，所以在和女友争吵过后，他尝试着将自己在意的问题拿出来和女友沟通。

这就是"母亲"原型存在的重要性，我们试着超越那种被"权力感"淹没的情绪状态，用一种成人的角度将"爱"的联结提升到意识层面，学习做一个有能力沉淀自己的情感、表达内在需要的人。

愿意将内在的自己表达出来，就打好了自我关爱的基础。

面对"母亲"的人格原型阴影，可以怎么做？

请回顾过去一周中，那些让你感到不舒服的人际情境，将它们记录下来。

找出一个容易引发你不舒服感受的对象，反复思考，你们之间发生的不舒服情境通常是什么？他说什么话让你觉得不舒服？这个不舒服的感觉，背后的意义是什么？

如果你可以对他说些话，你会表达些什么？你是否曾将这些想说的话向他表达了？如果还没有，原因可能会是什么？你能否觉察到你无法表达背后的担忧？

请写下下次发生类似的情况时，你可以用来提醒自己的一句话。

女皇原型（Queen）

——一个女人的成功，就是
　当成功男人背后的女人

光明面：运用情感智慧来解决、协调家庭和组织的问题。

阴影面：在刚柔之间冲突，或陷入激进的控制欲中。

　　讲到"女皇"，有人会想起一代女皇武则天，有人会想起英国
的两位伊丽莎白女王。从大部分王朝的历史看，女性还是难以被
人联想到"王者"，除了先天的体能或传统的认知上（不如男性）
的限制，也因为女性多被认为是较情绪化的、喜于（宫廷）斗争
的……而这些特质都不利于国家和公司组织的治理。所以谈起"女

皇"这个原型，总有几分令人感到畏惧、退避三舍的意味。

从心理层面来解读，"女皇"原型形同一种强势的女性形象；弗洛伊德曾暗喻强势的母亲会对孩子性格发展产生不利的影响，比如说，她可能养出"软弱的男孩"和"凶巴巴的女孩"。在传统的认知中，强势的女性几乎不会有什么好下场，所以"女皇"原型的阴影层面就是总让人联想起控制欲强、傲慢的女性，而这也代表她们不愿好好守持自己的"本分"，不能表现出抚慰与养育等温暖的特质。

比起统治者的角色，我们更习惯将"女皇"原型想象成"皇后"的角色，是站在男性身边的辅助者，是成功男人背后那位伟大的女性。她要慈爱谦卑，要知进退，要恪守本分，要在适当的时刻放掉权力，要有成全他人的胸襟。在人们的期待中，"女皇"不应该是那个权力顶端的支配者，反而应该是最有能力"以柔克刚"，用温柔承担起一切的女性代表。

因此"女皇"原型是别扭的、也是矛盾的形象，是人们对完美女性的期待，也是女性怎么努力都无法超越自己（性别）的象征，特别在伴侣关系中，她们不自觉地会对自己没能成为"成功男人"背后的推手而产生罪恶感。

一起来看看下面这个例子。

宛如从小就很优秀，而且不只是学习成绩，但凡她有心想做的事情，一学都能马上上手，很多时候还无师自通，就连打架都比邻家男孩技高一筹。宛如也是家族里最年长的孩子，长女加长孙的身份，让她在家族里承担莫大的压力。特别是每当她表现良好时，明明心里预期的是长辈的夸赞，但偏偏宛如得到的总是这样一句话："可惜呀，真是生错了性别，如果是个男孩该有多好。"

她的母亲也为了这句话，一胎一胎地拼下去，期待生出一个长辈们眼里"真正好"的儿子，没想到胎盘连落下五个，却没有一个娃儿是男孩，生了五个女儿。母亲的眼中因此充满了忧郁，宛如看在眼里，就更想为母亲争一口气。于是，她高中跳级考上大学，硕士又直升博士，毕业后是一家外商公司的台湾地区代表，没想到回到家族里，她的奶奶仍旧对她说："真是优秀啊，如果是男生该有多好！"

她为了事业成就而荒废婚姻，奶奶说："女人家那么厉害做什么？赶快去嫁人。"只是男人们看到宛如都敬而远之，于是奶奶又说："你就是太厉害了，男人才都怕你。"反正不管她做什么，奶奶都有话可说就是了！

最无语的是，当奶奶"数落"宛如时，母亲也只是闷不吭声地站在旁边。宛如忍不住问母亲："你就这样傻傻地听她念叨我，不会替我讲几句话吗？"

"你要我说什么？我不是跟你一样，都是女生？"母亲闷闷地回她。

宛如生气地翻出存放在母亲嫁妆箱子底层、用毛笔字誊写的大叠奖状，上面用飞扬的字迹写着母亲的名字：学期成绩第一名、模范生、全校楷模、校长奖、说故事比赛冠军……"就算是女生又怎么样！你本来就不是最优秀的那个吗！"宛如心里充满愤怒，瞪着母亲，还有母亲身旁那个喝得酩酊大醉的父亲。

"最优秀又怎么样？还不是女生？最后还不是要嫁人？"母亲一边说，一边为睡着的父亲擦拭身上发臭的汗液。

"就是这样，我才不想嫁人。"宛如心想。过去她曾和几位男性交往，但光是谈到"如果两人都要加班，谁去接小孩？"这个话题，就会吵到缺乏共识而分手。

"女皇"原型本身，就掺杂着"女王"和"皇后"双重含义的矛盾。在宛如心里，一个家庭就是一家公司、一片国土，她既没有把握找得到一位具有"皇帝"才情的男人，又不相信自己能和一位男性在同个山头上和平共存，那么，她不如及早抛弃"皇后"这个角色，当个"女王"就好。

因为内心存在着这种想法，宛如预设全天下男人都是（配不上她的）庸才，只是，这种预设也让她虽然在职场上已经是个叱咤风云的女王了，却仍然无法真心感到快乐——那是一种即便获得全世界，也没办法获得别人认同、获得自己认同的不快乐。宛如虽然从"女王"这个方面获得成就感，但她却没有走出自己没能像母亲一样成为家庭（男人）背后推手的失落感。

面对"女皇"的人格原型阴影，可以怎么做？

想一想，自己内心对"成功男性"和"成功女性"的定义，并且一条条把它写下来。仔细思考每一条，哪些是你重新思考后仍觉得认同的？哪些是来自你原生家庭对你的影响？

之后，请重新写下，你觉得自己该成为什么样的成功男性或女性。

公主原型（Princess）
——女孩的性别学习历程

光明面：具有美丽而柔弱的女性特质，容易受到旁人保护。

阴影面：具有与柔弱相对的刁蛮强悍特质，让旁人感到受挫。

　　虽然同样象征年少时期令我们羡慕又嫉妒的特质，但"公主"原型和"王子"原型却有着本质上的差异："公主"原型是浪漫美丽、柔弱且等待被拯救的，"王子"原型是强壮且独立自主的。

　　只要去翻一翻童话故事、民间传说、神话寓言，你就会发现大家都不约而同地把"公主"塑造成手无缚鸡之力的天真女孩。因为善良、单纯，所以"公主"都容易上当受骗；因为脆弱又美丽，所以每个路过的人都会被她吸引。不论坏人或好人，大家都想要拯救"公主"，或者把"公主"当成许给英雄的"礼物"。公主从头到尾只需要天真烂漫地躺在那里就好了，她们越柔弱，就越能创造出浪漫伟大的事件。

因此，"柔弱"是大家对"公主"原型的想象，相对来说，"刁蛮"就变成"公主"原型被排斥的那一面。刁蛮公主一点儿都不浪漫，还非常任性；因为她很泼辣，所以一点儿都不需要被拯救；她不会激发王子或英雄的怜惜之情，反而令他们觉得沮丧；她可能还很爱嫉妒，在生活中兴风作浪。

换句话说，"公主"原型的存在会引发我们对性别表现的传统认知，也就是我们认为"一个女孩子就应该要怎么样"的心灵源头，影响我们在前往自我性别认同的道路上，如何看待与评价自己。比如下面例子中，杏娟和纯如这对好朋友，就仿佛"公主"原型的光明和阴影两极的呈现。

杏娟还是个小女孩时，长相就相当"公主"，行为举止也非常"公主"。明明只是"喝饮料"这个举动，她拿着吸管，才轻啜一口，微偏的脑袋就让人觉得好心疼，让人想要上前去关心她是不是饮料太冰了，令她身体不舒服。

杏娟的好朋友纯如就是这样与她相识的。纯如说，每当和杏娟相处时就有种着魔的感觉，忍不住要为她做点儿什么。

后来，杏娟和纯如都长大了，成为大学校园里的轻熟少女。纯如和一个运动型的男孩开始交往，却不忍丢下身旁还无伴侣的杏娟，总是与她一同出游。

某天，他们三人从北部开车远行，到遥远的东部海岸去看海。车子在路上开了许久，还没到目的地，杏娟就脸色发白；纯如从后视镜看了，内心相当担忧，急忙叫男友把车停在路边。果然，杏娟一下车就虚弱地跑到路边干呕，一副晕车很严重的模样。

"我去帮你买点儿水。"纯如拿起钱包，往公路旁边的便利商店冲去。等她回到原地，却看见自己的男友在帮杏娟拍背，亲密的暧昧感看在纯如眼里特别火大。

"喂，你的水。"还来不及厘清自己心头的感受，纯如就感觉一阵醋意袭上心头，语气低沉地将水拿给杏娟。

"谢谢。"杏娟弱弱地说。

"喂，你干吗那么凶啊？"男友的手还没离开杏娟的肩头，就冒出一句责备纯如的话。

"干吗？你心疼啊？"纯如心里充满委屈，头也不回地向后跑走，脑海中不自觉地浮现出小时候被父母亲责备的场景："好好一个女孩子，却没有一个女生的样子。"

"喂，你发什么神经啊？跑去哪儿？"对于纯如突如其来的反应，男友感到相当困惑。

"你赶快去找她，不要管我啦！"杏娟边咳边对纯如的男友说。

迟疑了一会儿，纯如的男友回答："算了啦！不要理她，不会有事的啦！我看她等会儿就自己回来了。"

纯如在远处看着，心里有种自己沦落为"丫鬟"的感觉。回家以后，纯如就决定远离杏娟，和她断了联络。

"公主"原型是女孩们心头上既想成为又急欲摆脱的"阴影"，许多女孩排斥自己身上带有"公主"特质的模样，却不想承认这可能也是一种对"公主"原型的执着。如果没办法好好体察"公主"原型在我们内心深处的分量，而只是心怀轻视地觉得"那是我最不想成为的样子"。那么，或许那些拥有"公主"特质的人就会时常出现在现实生活中与我们对抗，提醒我们，或许自己内心深处还有不曾注意过的、失落的公主梦。

　　那是一种在性别学习路上"女生怎么没能好好地像个女生"的失落感。这种感觉需要的是我们的觉察，而不是排斥。

面对"公主"的人格原型阴影，可以怎么做？

　　面对"公主"的人格原型阴影，可以怎么做？

　　留意自己身上"非主流"的性别特质，并且一条一条把它写下来。接着，用"优势"心理学的概念，来思考这些特质的一体两面。

　　比如说，"刁蛮"特质的另一个方面是"有主见"，"散漫"的另一个方面是"随和"……

　　你能否试着找到自己身上每一项"非主流"特质的优势因素？

恋人原型（Sweetheart）

——生命投注热情的所在

光明面：高度投入热情，全心全意为外在人、事、物奉献与付出。

阴影面：痴恋与执着，重视童年时期未被满足的情感，可能做出毁灭性行为。

　　所谓的"恋人"，大概是除了父母亲，第一个能引发我们强烈情感、令我们神魂颠倒的人了。在心理上，"恋人"原型象征我们对外在人、事、物的浪漫与热情，让人愿意全心全意地投入、奉献与付出，到家庭以外去寻找更精彩的生命价值。

　　"恋人"原型的阴影面，则意味着一种"执着"。当我们对人、事、物的热情达到失去自我掌控力的地步时，就变成一种"迷恋""痴恋""狂恋"，因为太过渴望，就变得不能没有。于是，我们年幼时未被满足的情感，也会随着这种"执着之恋"而被激发出来，比如：重演童年时对分离的害怕、想要逃离掌控型父母的心情、渴求缺席父母而不可得的怨恨……所以"恋人"原型时常趁我们觉察力薄弱时，和其他原型（特别是"父亲"和"母亲"原型）纠结在一起，变成掌控我们情绪的巨大阴影。

用荣格心理学的概念来看，"恋人"原型的发展是有层次的——荣格曾经用几位神话故事中的经典人物，来象征男性与女性内在对恋人的不同形象层面的追求。若把这些层面整合，其中包括：追求身体线条的性爱形象、具有引导性的独立自主形象、启发心灵深度的神性形象，以及诱发灵感的创造力形象。所以，当我们把"恋人"原型的热情投注到亲密关系上时，我们对伴侣就会有一种过于理想的完美想象，以为眼前这个人（伴侣）可以满足我们心灵不同层次的需求，却发现原来这终究只是一场幻想。

幻想破灭后，才是对热情能否持续的考验。比如说，一个母亲从事灵媒活动的男孩，在恋爱启蒙阶段，可能先倾向于追求能够一起探索心灵深度的恋人，等到进入婚姻之后，才开始探索性爱方面的形象，所以他娶了一个不食人间烟火的老婆，却意外地发现老婆的女性特质竟是那么索然无味，转而迷恋起路上穿着紧身衣的性感女郎。又比如，另一位男孩的母亲性感而貌美，因此他恋爱启蒙时也以交往性感美女为目标，在情欲被满足后，他突然惊觉眼前的美女不够聪慧，转而爱上那种聪明绝顶却相貌平凡的上班女郎……

"热情"是一种内在能量，当缺乏意识的觉察时，它就仿佛是一种无脑的冲动而已。在持续的自我觉察下，我们才能发现自己心灵的发展与转变，用一种适当的方法去追求自己还未拥有的层面。这也是一种通过亲密关系整合的心灵力量，就像在玩拼图一样，我们的人生也会不自觉地重复捡拾的动作，在亲密关系的刺激当中，把那些心灵的缺失找回来，直到自己心灵恢复充盈的感觉为止。"恋人"原型，就象征我们心灵朝向的热情所在。

只是，当亲密关系发生时，我们常常以"我"和"你"的角度看待：因为"我"是个什么样的人、"你"是个什么样的人，所以"你和我"是"适合"或"不适合"在一起的。然而，"恋人"原型的概念谈的却是一种"热情的投入"，也就是说："我们"能不能一起尝试去成为什么样的人。

我们再回到前面提到的那个有灵媒妈妈的男人的故事里。如果这个男人能够觉察，并且善用"恋人"原型的功能，他便可能先去尝试和他身边那个不食人间烟火的老婆一起探索性爱层面的快乐，而不是热情一来，就盲目地寻找街边的性感女郎谈恋爱。倘若如此，我们会说这个男人落入了难以驾驭内在热情的"恋人"原型的阴影面，所以他无法等到结束一份热情之后，再开启内在新的热情。当我们的内在热情毫无分寸与界限可言，现实环境中的亲密关系也可能因此变得混乱。我们空有热情，却难以驾驭它，就反过头来被这股热情吞噬。

所以，"恋人"原型的存在不是为了让我们面对不同人、事、物时心猿意马，而是学习在同一段关系、同一份工作、同一种处境中，面对同一位伴侣去寻找不同层面的心灵需求的整合。

"恋人"原型不是只为了美好而存在，而是将在热情投入时感知到的痛苦纳进内心，形成面对未来的韧力。"恋人"原型也具有一种"超越过去"的意义，在一次次投注热情的过程中，逐渐形成不同于上一次经验的更成熟的表现。

面对"恋人"的人格原型阴影，可以怎么做？

数一数，你过去曾经"热情落空"、空欢喜的经历，并把它们记录下来。

想一想，在每一次失败的情感经历中，你是怎么度过的？

请为你每一次度过的方式，以一到十分加以评分。思考一下，随着时间进展，你是进步还是退步了？

友伴原型（Friend）

——是敌人还是朋友？

光明面：喜欢群体生活，能在与他人相处中找到自我的价值和立足点。

阴影面：会产生对"竞争""被人取代"的恐惧，会因过度敏感对人际关系产生恐慌。

在很多人的生命中，最初的"友伴"指的是拥有相同血脉的"手足"，或者因为某些地缘关系而频繁相处结交的"替代性手足"。总而言之，"友伴"不同于"父母"，也不同于"恋人"，是一种保有更为纯净的情感特质的同龄（近龄）伙伴。

只是，有人存在的地方就有比较、就有竞争，"友伴"常常无法只是一起玩乐而已，随着身心的发展，我们和友伴之间的差异会逐渐浮现出来：身形和长相的区别会越来越大，也会开始产生观点的差异。然后，在周围的婆婆、妈妈、公公、爸爸的闲聊中，这些差异和区别越来越被放大——我们开始体会到所谓的"异体感"而非"一体感"，心里浮现一种失落的感觉，我们开始困惑如何拿捏人我之间的距离，对那些自己喜爱、能力却高出我一截的友伴，究竟是该支持他，还是诋毁他，产生矛盾又复杂的心理。

　　"友伴"原型的存在，深深地影响了我们对自我价值的感受。

　　在心理层面上，"友伴"代表人们对群体生活的渴望与学习。因为"人不能离开群体而生活"，所以我们需要在与友伴相处中去寻找与探求自己在社会上的定位。当我们心里有个正向的"友伴"原型时，他就像拥有一个优质的辅助者，使我们学会脱离自我狭隘的角度，用体谅与关爱的眼光去观看世界的全貌。

　　然而，当"友伴"原型的阴影面笼罩心灵时，我们感受到的是"竞争""被比较"的恐惧。这种恐惧感会阻挠我们付出真心去获取真挚的友谊，去和社会建立关系，它让我们活在自己的圈子里，因为过度敏感和对他人的不理解，而不知不觉地产生对社会的恐慌。

　　我们来看看接下来的两个例子：

　　雅琪和晓君是一对刚认识的朋友，算不上熟，但两人的共同朋友觉得她们的工作性质非常相像，所以介绍她们认识，互相学习交流。才刚和雅琪聊了几次，晓君就觉得她们意气相投，未来的确有许多发展合作的空间。不过有趣的是，只要一离开彼此聊天的情境，晓君回家后看到雅琪在脸书上发出工作点滴，心里就有些不是滋味，她无法控制地想象雅琪在向自己示威，而不自觉地想要比雅琪有更好的表现。

文惠和玉娴则是认识多年的老朋友。对于玉娴耿直的个性，文惠可是一清二楚，更明白玉娴的直言让她在外面得罪了不少人，而通常玉娴并没有冒犯的意思。有一天，文惠在共同朋友圈里听到了别人对玉娴的批评，仔细一听，内容大多是对玉娴的误解，文惠有种想要为玉娴说话的冲动。然而，整场闲聊过去之后，文惠却发现自己居然没有采取任何护卫玉娴的举动，她陷入一种罪恶感中，觉得自己似乎有些不够朋友。有趣的是，下一次再有同样的机会时，文惠仍然忘记要帮玉娴说话。

上述两个例子都可以被视为"友伴"人格原型阴影面的展现。为了接近群体，我们有融入别人的欲望，但却不自觉地用别人价值的低落来提高自己的价值。这背后藏着两项心理因素：

1. 我们无法信任友伴关系，就是不相信自己有跟别人相处与合作的能力；

2. 我们无法承受被比较的感觉，就是不相信自己的能力会持续往上提升，害怕自己会处于停滞的状态。

所以，"友伴"人格原型阴影面通常能帮我们找到充实自我内在的管道，以及提高社交能力的技巧。当内在有一个自我相信的稳定基础，我们才会在人群中、在团休里，找到自我的一席之地。

面对"友伴"的人格原型阴影，可以怎么做？

请用一分到十分，来为自己与别人相处的社交技能评分，评分的内容可以包括聆听、同情心、响应他人的能力、幽默感、表达流畅度等。并且想一想，你是否有提升自己社交技能的实际需要？如果有的话，你可以做些什么来提升？

请用一分到十分，来为你的自我价值评分。问一问自己，你满意自己的分数吗？你倾向于喜欢还是不喜欢自己？如果这个分数感受是会浮动的，你可以做些什么，来提升你对自己的喜欢？

　　谁要是从外在观察事件，就只会看见已成之事，觉得它们恒久不变。观察内在就会懂得一切都是新的。万事万物都是不变的，人拥有的创造性却不是恒久不变的。事情本身不具有意义，它们只是对我们才有意义。事物的意义是我们创造的。

　　所以我们要从自身寻找事物的意义，发现来者之路，让我们的生命能继续流动。

　　事物的意义就是我们创造的救赎之路。

——荣格《红书》

看完第一部分与"情感"有关的潜在原型，或许你已经发现，日常生活中许多无法控制的情绪，原来是和以前经历过的恩怨情仇有关。接下来，我们要通过三个书写活动，来整理那些过去经验对我们现在生活的影响。

◆◆◆　**活动 1：整理你的"家庭图"**

请梳理你的家庭成员关系，然后画一幅家庭图，家庭图要画到多详细全由你自己决定。若要我提供简单的建议，我建议你可以写下任何闪过你脑袋的家庭成员。此外，虽然家庭图有专业建议的符号标示，例如：正方形代表男生、圆形代表女生，从左到右代表排行的大小，从上到下是不同的辈分，夫妻是男左女右……；

但你也可以另外用自己喜欢的线条和颜色，来标注家庭成员之间的关系。当你完成家庭图后，建议一并写下你的发现和感想。

示意图：

我想到和奶奶住的时候，奶奶总是看不起妈妈，会说话讥讽妈妈，现在奶奶生病了，我才发现自己心里有很多不理解她的地方。

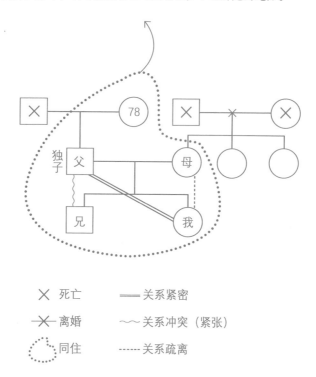

✕ 死亡	══ 关系紧密
✕ 离婚	∿ 关系冲突（紧张）
⬡ 同住	------ 关系疏离

◆◆◆　活动 2：绘制你的"生命线"

　　整理好家庭成员的关系后，再来整理发生在你身上的、重要的生命转折点。在下图中，你可以看到一条带有箭头的长线，从左到右代表的是你从零岁至今所经历过的时光，线条的上方代表令你印象深刻的、开心的、正面的经验，线条下方则代表不开心的、负面的经验。这件事情令你越开心，就请你在线条上方，将代表这件事的圆点的高度画得越高；这个事情越令你不开心，则请你将代表这件事的圆点的高度画得越低。在你标记生命中的每个重要转折点时，可以简单注明这件事情的名称；当你将所有记得的转折点都标记出来后，请按照顺序将点与点之间连线。同样，完成生命线后，一并写下你的感想与发现。

示意图：

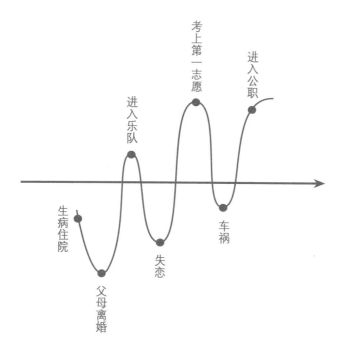

我从没有这样看过自己的过去，才发现外表看起来开开心心的我其实还是记得很多不开心的事，也大概了解了自己没有自信的原因。

◆◆◆ 活动 3：完成"情感原型与重要人物自查表"

整理完家庭图与生命线后，现在回到情感原型的内容来做自我检查。你可以重新复习每一个原型的意义，并将这些原型让你联想到的、曾经出现在你生命中的人物，记录在下图的表格中，然后写下这些人对你的人生所产生的正面及负面影响。

记录完表格以后，请拿出一支不同颜色的笔，将你决定要保留在未来记忆中的人物圈起来。如果可以，请在旁边稍微注明一下你把他留下来的理由。

范例请见下表。

情感原型与重要人物自查表

原型	人物联想	正面影响	负面影响
霸凌者	王小花（曾经对我说我的成绩那么差，可以去跳楼了。）	我开始练习打篮球发泄。	我的成绩好像真的没好过。
	陈大明（说我什么都好，换个头就更完美了。）	学习打扮，穿适合自己的衣服。	对自己的长相很自卑。
英雄	隔壁邻居林哥哥	被欺负时有人可以依靠。（找伴侣时参考）	（暂无）
神	作家刘×	面对挫折时总会阅读他的作品，对写作产生兴趣。	变得不太爱与人讲话。（不爱讲话不一定不好，这也是我）
父亲	初中数学老师	比真正的父亲更能激励我。	我发现自己对父亲的埋怨。（待解的功课）
皇帝	主管A	学习做事的效率。	给我很大的工作压力，担心自己达不到要求。（待解的功课）
	父亲	养成做事不轻易放弃的习惯。	让我讨厌大男子主义的人。（待解的功课）
王子			
女神			
母亲			
女皇			
公主			
恋人			
友伴			

（以此类推）

第 3 章

那些固执的想法，往往是导致我们不愿接受自己的重要因素

—— 阴影中的"思想"原型

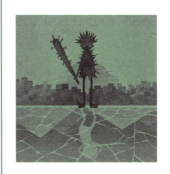

思想共通原型

破坏分子原型（Saboteur）
——再见吧，没用的框架！

光明面：面对心里的自卑感，找到不再自我设限的方法。

阴影面：会有破坏性行动，为我们在后天教育环境中所受的压抑鸣不平。

"生存"本身，对人而言或许是件有趣的事情，但身为一个存活下来的人，我们大多知道求生存的过程中需要经历多少困难。

这种感觉就好比我们小时候犯了错，被父母关在门外，不允许进入家门；我们在外面可能觉得很冷、很生气，想要指责这么对待自己的父母，但又不得不去讨好父母，想办法让他们消消气，放我们回到屋子里。

在那一刻，我们终于体会到自己有多么渺小，我们学会把自己的需要、渴望、情感，全部隐藏起来——"呼吸小声一点儿""说话轻一点儿""少惹一点儿麻烦"……我们把自己缩到最小，小到几乎让人感觉不到我们的存在，好让我们能够保护自己存活下去。

每个人在自己漫长的一生中，或多或少都有过这种体会。

然而，那些原本在幼小时候用来保护自己生存下去的内在声音，长大以后却可能转成内心世界一种具有迫害性的声音。我们开始批判自己，觉得自己不该这样做、那样做也不对，以致压抑了通往内在本性的路。我们既没办法好好地成为一个"像自己的人"，又没办法彻底死心当一个为了"遵循礼教"而违反本性的人。

于是我们的心灵变成一种洋葱般的存在，从家庭到求学、从学校到职场……不同环境催化出不同的生存样貌，就像穿起一层又一层的盔甲，逐渐把我们的原始心灵紧紧地包裹起来，直到有一天，我们几乎忘了它最初的模样。

事实上，本性哪会消失呢？它始终在那里，就在心灵深处。即便我们的意识不见得能将它呈现出来，但我们内在却清楚明白。

如此一来，会发生什么事？

我们心里可能有一座沉睡的火山，它承载着蓄势待发的叛逆，但也隐藏着自卑。所以我们不敢光明正大地把自己真正的想法表达出来，而只能用一些隐晦且具有破坏性的方式来加以展现；同时我们无法肯定自己的能力，就只好去贬低别人的能力，并且无形中阻碍自己走向成功与光明。

这座蓄势待发的火山，就是我们心底的"破坏分子"，暗地里为我们在后天教育环境中所受的压抑抱屈。

阿强便是一个心底"破坏分子"能量特别强大的典型。他在公司里面是出了名的好好先生，看起来一副不带威胁的人畜无害的模样，然而几乎没有人知道，夜深人静时，他总在忙着写揭发同事的匿名信——尤其老板跟前的大红人阿修，是他重点揭发的对象。表面上看，阿修是阿强的同期好友，两人常常下班后一块儿去喝酒，但阿强的目的，却是想从阿修口中套出可以让他在老板面前打小报告的把柄。阿强将所有心思都花在打击别人上面，以致他没空好好经营自己，至今，他在老板面前仍是个无名小卒，没办法在台面上做出什么像样的成绩。心情郁闷的结果，是阿强撰写匿名信的能量又更加强大了……

小柔身上也出现类似的状况。她有一对望子成龙、望女成凤的父母，还有一位做什么都很优秀的兄长，他们让她深刻感觉到自己的表现是多么黯淡无光。长久下来，小柔心头有种孤单、生活缺乏意义的空虚感，每天早上只要一起床，她就开始怀疑自己活着的意义。终于有一天，小柔逃学去逛了连锁服饰店，试穿衣服时，她心血来潮地想要偷走自己试穿的衣服；最后，她冒着风险成功地窃取了目标商品。从此之后，小柔就开始以干这种坏事为乐，即使每次都让她胆战心惊，却也让她暂时排解了升学主义（考上好学校）带来的巨大压力……

上述状况，就是藏在我们情绪背后的"破坏分子"原型。

当"破坏分子"的阴影面浮现时，我们就好像被许多教条捆绑，全世界仿佛没有一处足够安全的空间来支持我们自由自在地探索自己。当压抑的负面能量累积成一股强大的破坏力，让我们看周围的某些事物不顺眼时，我们好想通过破坏一切来改变那些讨人厌的现状，却又对这些无端的想法感到烦恼。所以，"破坏分子"堪称我们最难接受和拥抱的一种心理原型。

然而，只要深入探索，我们会发现"破坏分子"原型所引发的负面情绪，是人们在接受教育的过程中，某些自发的本能和快乐被社会的框架给压制了的产物。当受到周围环境限制时，我们开始否定自己原本的喜好，内心深处也会升起一种自卑感，让我们无法相信自己有被爱、被肯定的能力，甚至找不到好好活着的价值，于是我们内在不断冒出阻碍自己施展才华的冲动。

怎么办才好？

当觉察到"破坏分子"要到生活中捣蛋时，代表我们正在冲撞自己内心的局限与框架，在想办法冲出一条不再囿于过去的道路。所以，"破坏分子"的心理原型，不是为了让我们成为一个"坏人"，而是提醒我们去把那个感到自卑的、被否定的自我给拥抱回来，然后学习懂得怜爱自己一路走来的辛苦。

面对"破坏分子"的人格原型阴影，可以怎么做？

问问自己：真的想当好人吗？真的想当个杰出的人吗？对你而言，"好人"和"杰出"的定义是什么？

这种自我期待是因为别人想要你这么做，还是你真心想要这么做？

如果当不成"好人"和"杰出的人"，后果会怎么样？

如果不当"好人"和"杰出的人"，你有没有想过，自己到底想成为什么样的人？

思想潜在原型

　　为了深入"破坏分子"原型背后的个人脉络，接下来我们必须谈谈与"破坏分子"原型紧密相关且会影响自己内在价值观的十二个潜在原型，也就是促成我们"思想"的原型。这些原型背后所坚持的内在信念，就是心中的"阴影"的第二种展现方式。通过对这些潜在原型的探讨，我们可以一起想想，自己的内在有什么急欲突破的限制。

　　这十二个潜在原型，可分成三个类别。

　　1.与"思想学习历程"相关的原型，也就是影响我们内在价值观的源头："传道者"（面对规矩的信念）、"授业者"（面对专业能力的信念）和"解惑者"（面对挫折的信念）。

　　2.代表"表达思想的管道"的原型，也是我们认识这个世界的方式："诗人"（善用隐喻）、"说书者"（善用言语）和 "书记"（善用记录）。

3. 象征 "内在信念" 的原型,也就是我们会去捍卫的价值观点,同时影响着我们对他人行为处事的思考与解读, 分别是："魔术师"（做事不用太循规蹈矩）、"提倡者"（做人要多为别人着想）、"修行者"（处事要能平心静气）、"幻想家"（对未来要深谋远虑）、"工程师"（做事要按部就班）和 "处女"（凡事要追求完美）。

本章最后的书写练习, 我将邀请读者通过 "一周的思考日志", 来探索属于自己的 "思想三角形", 从中思考自己的思维方式对自我生命的影响, 以及寻找能够在生活中陪伴你的思想型伙伴。

传道者原型（Guide）

——我应该要这么做

光明面：通过遵循某些道理来获得别人的认同。

阴影面：忽略反省自己内在遵循的道理是否符合现实逻辑。

　　"传道者"在唐代学者韩愈《师说》一文中，指的是"传授道理"的人。换句话说，就是"人生的指引者"，是对我们生命价值观有影响力的人。

　　若用心理学的概念来解读"传道"二字，我们则会谈到人格结构中"超我"的形成。在弗洛伊德的理论中，"超我"指的是我们内在道德价值观的判断标准，它和童年经历中的父母形象（特别是父亲的形象），以及内化的社会文化规范高度相关。也就是说，在生命早期为我们定下的"规矩"、教导我们"是非事理"的人物形象，通常就是我们生命中极具影响力的"传道者"。

从心理层面来看，"传道者"原型的形象通常有两大影响力：其一，让我们想要遵循某些"规则"来获取认同；其二，让我们害怕倘若不遵守某些"规则"，就会受到贬抑或惩罚。于是，内心深处总有一个标准让我们不知不觉地关注别人对我们的看法。"传道者"原型，象征我们内在那股需要依循某些标准和道理来生活的倾向。

所谓的"规则"，往往在幼年时就开始逐步形成，可能来自家庭中的父母、长辈，或是学校师长们的谆谆教诲、耳提面命。因为它形成的时间早，成年后就不容易被我们反省，于是有些事情，我们想也不想就去做了，却从没想过在别人的眼里，这不见得是"正确"或"正常"的。

来看看下面两个例子：

阿广从来不会随意坐路边的板凳，好几次陪着女友去买东西，明明手上已经拿了大包小包的物品，女友都坐在板凳上喊腿疼了，喊他也坐下来休息，阿广却怎么样都不愿，甚至有时他会反过来跟女友说："你实在不该这样随便乱坐，很脏啊。"

我们试着去探索阿广"不肯坐板凳"背后的"规则"是什么，阿广才想起，小时候他和外婆一起去逛街，因为腿酸想要在路边板凳上稍作休息，他还没坐下就被外婆给阻止了："不可以！这椅子很脏，路边很多流浪汉坐过。"后来，每回逛街时，外婆都会再叮嘱他一次。渐渐地，这个奇特的"规则"就开始黏在阿广的脑袋里。之后，就算身体再怎么疲惫，他都不会去碰外婆口中那些路边"脏兮兮"的东西。

类似的状况也发生在美玲身上。美玲是一个穿着非常端庄得体的人，衣柜里的衣服放得整整齐齐的，外出时总要配上一双包鞋。有一天，朋友们约美玲到海滩去玩，集合时，大家人脚一双人字拖，只有美玲仍然穿包鞋出游。

"哎，你这样不热吗？"朋友问。

"你们穿拖鞋才太随便了！"美玲说。

天气又热又闷，历经几小时的车程后，终于抵达海边。当穿着人字拖的大家忙着奔向大海时，美玲一个人穿着包鞋在海滩上慢慢向前，直到快抵达岸边时，她才拿出随身包里的人字拖，将沾满汗水的包鞋给脱掉。

对美玲来说，这种拘谨的"规则"又是从哪里来的？

原来美玲在小学第一次班级旅游时，因为太兴奋了，直接穿着拖鞋去学校，却看到同学们都乖乖地穿着学校发的运动鞋。这下糗大了，有些嘴坏的同学笑了她半天，她偏偏又忘了带双可以把脚趾头给遮起来的包鞋。此时，老师也雪上加霜地补了一句："下次不可以再这样，这样可能会发生危险。"

美玲心情太沮丧了，没有机会去问老师"为什么这样会发生危险"，这个"记得穿包鞋"的"规则"就这样刻在她脑海里，并且在她人生中展现出一种有趣的"固着"现象。

仔细想想，有些我们人生中信奉的规则，其实并没有那么有道理。但为了维持记忆中隐隐约约的"传道者"形象，我们总以为不守规矩是会出大问题的，也因此常常忘记要花时间重新思考：这些"道理"背后，究竟有没有"合理的逻辑"？

面对"传道者"的人格原型阴影，可以怎么做？

注意自己平时的话语中，出现"应该"和"不应该"的频率，以及何时会出现这些"应该"和"不应该"。

同时，请留意当你说出"应该"和"不应该"之后，别人有什么反应。

当你发现，有很多人都对你这些"应该"和"不应该"感到不以为然时，思考一下为何这些规则对你如此重要。

授业者原型（Teacher）

——我哪里还不够好？

光明面：对专业知识坚持，能认识自己的不足之处。

阴影面：觉得自己什么都做不好，无法比得上别人。

"授业者"在唐代学者韩愈《师说》一文中，指的是教授专业知识的人，并且从古至今，我们对专业性强、能够为人师者，往往抱着敬仰的态度。所以"授业者"的原型形象，也代表生命中那些带领我们打开全新领域的视野，值得我们崇拜的人。

从心理层面来看，"授业者"的形象则反映了我们潜意识中对自己"不足之处"的认知：因为懂得还不够多，所以需要向那些比我们厉害的人更深入地学习。因为潜意识里的"授业者"原型，我们知道天外有天、人外有人，知道自己还有许多地方需要努力。我们看到成功者的故事会感动落泪、会受到激励，都是"授业者"原型被启动，将周围的人、事、物，投射到我们"觉得自己还不够好"的地方。

"授业者"原型象征着一种目标，却也可能给人带来"我哪里还不够好"的阴影和压力。

所以，当我们把"授业者"的形象投射到现实环境中的某些人物身上时，那些人物便承载了我们对"美好"的想象；当我们把"别人"想象得越完美时，"我"的形象就变得越不完美，我们内在也就被"授业者"原型的阴影给笼罩了。于是"授业者"原型也会为我们的生命带来一种风险，觉得自己怎么做都比不上别人，怎么做都不够好。

总而言之，"授业者"原型可能阻碍我们对真实人物的全面认知，而用自己幻想的形象来取代现实中的人际经验。

怡君就是"授业者"的典型，而且"授业者"原型的阴影尤其反映在她择偶的条件上。

认识初恋男友时，怡君好崇拜男友打篮球时帅气的身影，每当跟他在一起时，怡君就觉得自己是个运动白痴。后来，篮球社来了一位运动型的阳光美女来当社团经理，怡君每次看到男友和这位社团经理在一起打球时，她的心情就非常低落，脑海中总会出现一个声音，告诉她"自己不够好，配不上男友"。果然，男友后来"如她所愿"地和社团经理在一起了。

大学毕业后，她的第二任男友数学非常好，怡君知道自己这方面不如他，便将薪水都交给男友来管理。后来男友果然在几场投资中赚了大钱，但他却拿这些钱来办婚礼，和一个比怡君更有理财能力的女人结婚去了。怡君自叹"技不如人"，连伤心的话都不敢和男友哭诉。

最后，怡君终于嫁给一位"上知天文、下通地理"的学者型丈夫，在怡君眼里，聪明的丈夫就像"会走路的百科全书"。但怡君并没有因为丈夫的聪明而去更努力学习，让自己变成另一个可以和"百科全书"对话的"大英字典"，反而是和丈夫意见不合时，怡君就会陷入一种"相信自己不如相信他"的思维，不知不觉放弃自己原本的想法。几年过去，怡君觉得自己真成了一个脑袋空空的无能之人了。

仔细想想，当我们觉得自己哪里还不够好时，不也是最能接受新知识的时刻吗？可惜怡君没能把这种来自"授业者"原型的信念，转化成学习的动力，和她所崇拜的对象共同前进，反而被"授业者"的阴影面给带入负面情绪中，使"不够好"的想法扎进她心里，进而对周围事物产生负面的预期。当这些不好的事情不断发生后，她几乎就相信自己事事不如人了。

面对"授业者"的人格原型阴影，可以怎么做？

　　看看那些你所崇拜、仰慕的人，哪些专业技能、哪些知识是你想拥有，却又相当不熟悉的。

　　你怎么看拥有这些专业知识的人？他们独特的地方在哪里？

　　写下自己想要学习的内容，并且为它们排出顺序。

解惑者原型（Mentor）

——我可以更有智慧

光明面：相信自己拥有能够走出黑暗的智慧与力量。

阴影面：觉得靠自己无法找到出路，或陷入可以带领别人前进的自以为是中。

"解惑者"在唐代学者韩愈《师说》一文中，指的是解答疑难问题的人，也就是遇到困难时协助我们走出难关的人。换句话说，"传道者"传递给我们人生的"道理"，"授业者"教给我们"知识"，而"解惑者"带给我们的就是面对人生的"智慧"了。

想想，在我们的生命中，什么时候你会去渴求一个答案？通常是你不知所措的时候，觉得自己遭遇痛苦而无法摆脱的时候。所以，"解惑者"原型象征我们内心那股相信自己可以走出黑暗的智慧与力量。

这种在困难中寻找出路的思维，在年轻时往往是向外寻求的。想象一下，那个比较幼小或年轻的自己，人生初次遇上困难，却可能因为受到某些人一席话的启发，便豁然开朗，渡过了那个难关，于是在生命早期，我们往往将"解惑者"的形象想象成"外来的""外加的"力量。我们在宗教团体中常常听到的"加持"二字，就是这个道理。只是当年纪渐长时，我们便开始学习从自己身上去找到那种能够解惑的智慧，比如说，心理学常常提到的"觉察力"就是一种训练自我解惑的能力。

然而，我们对这个原型的夸大想象，也导致"解惑者"会带来一些负面影响，我们把解惑的能力都交付在别人手上，而总是认为自己缺乏渡过难关的智慧。所以有些人会非常沉迷算命，认为人生是自己完全没办法控制的；这样的人在陷入人生低谷的时候，就更容易困在迷惘中无法自拔。

此外，倘若我们是被别人投射为"解惑者"原型形象的人，也可能落入可以为人"解惑"的权力感中自我膨胀，产生某些控制欲。

"解惑者"阴影对我们的生活会造成什么影响呢？来看看阿龙的例子。

阿龙刚进现在的公司时，觉得自己什么都不会，刚好公司隔壁有一座香火旺盛的寺庙，每次只要在工作上遇到挫折时，阿龙就会走进去上炷香，向神明祈求。似乎是有神保佑，阿龙认识了他的主管阿标，阿标进公司多年，脑子又非常聪明，所以只要阿龙遇到了什么问题，被阿标一开导，阿龙就觉得自己豁然开朗。渐渐地，阿龙习惯什么事情都要找阿标讨论。然而阿标总有不在公司或没空和他交谈的时候，阿龙就会觉得心神不宁，甚至有点儿恐慌。他会焦躁地在公司里走来走去，觉得自己没有足够能力处理工作上的复杂问题。

有趣的是，当阿标一出现时，阿龙就像看到智慧的明灯，马上觉得问题有解了。

当阿龙不再是公司的菜鸟时，他的主管阿标也已经高升到其他分公司了。阿标要走的那天，阿龙心情异常低落，好像是不舍同事情谊，但阿龙更担忧自己之后在工作中遇到困难，不知道该找谁商量。阿龙很怀疑，靠他自己真的行吗？

很快，阿龙也成为一个小主管，开始带公司新人。新进人员中有个叫文钦的年轻男孩，做事总是战战兢兢的，阿龙仿佛在他身上看到自己当年的影子，因此在公事上特别关照文钦。有一次文钦犯了一个严重的工作错误，就是靠阿龙倾全力开导才渡过难关。之后，文钦遇事就请教阿龙，阿龙也乐得如此。只是这么一来，阿龙不自觉地产生一种想要掌控文钦的想法，有几次他看到其他人在指导文钦，心里就有些不是滋味，心想："这种事情不是应该来问我才对吗？"

这种困扰阿龙的想法，就是他心中"解惑者"阴影的展现。

面对"解惑者"的人格原型阴影，可以怎么做？

记录那些你曾经遭遇过的挫折，回忆一下，当时的你是如何度过的？

发生了什么？你告诉了谁？他们如何回应你？他们哪些话令你觉得受用？你后来做了什么？最后结果怎么样？

从这些应对挫折的方式中，圈出你觉得自己日后可以用得到的部分，并且在实际生活中去运用它。

* * * * * * * *

接下来，我们要谈谈"诗人""说书者""书记"的形象，这三个原型可以用来检验自己认识世界的方式，以及我们在思想表达上的长处。

表达思想的方式，通常也意味着我们表达自我的方式。所以，"诗人""说书者""书记"等原型，可能在很小的时候，就从我们的行为与喜好中浮现出来了。与其说是长处，不如解读成是一种内在的本能与喜好，比如说：有些人就是天生特别喜欢说故事（说书者），有些人说起话来充满象征隐喻的美感（诗人），还有些人特别喜欢去记录别人所提供的知识（书记）……

理论上，我们似乎都可以对应到上述三者中的某项原型，但仍有许多人会说："怎么办，好像没有任何一个原型是我擅长的。"

　　我从临床经验中发现，会这么说的人，或许并不是生来就没有专长，而是在成长过程中，那个用来认识世界的本能受到了周围环境的打压。比如说，一个擅长表现"说书者"原型的小女孩，很爱讲话（说故事），被母亲嫌吵而从此不敢再开口；随着年岁慢慢增长，这个长大后的小女孩，可能就压抑自己"爱说故事"的本能，甚至有种"我不该太爱说话"的想法。此时，"说书者"原型就在她心灵深处受到压抑而不自知。

诗人原型（Poet）

——我要看得比别人深！

光明面：具有超凡的表现、描绘与感受事物的能力。

阴影面：过于多情而逐渐忽略思考的逻辑。

什么是"诗人"？广义来说，就是那些善用充满象征和比喻的句子来表达思想的人。

"诗人"的敏锐度通常很高，可以看见那些平常受到忽略或较为隐晦的喜悦与悲伤的情境，再用他们超凡的表现能力，描绘出这些情境里面的美，直指人类心灵共通之处。

所以"诗人"原型的形象，代表我们潜意识里多愁善感、充满深度觉察力的自我要求。

如此飘逸的形象，会有什么样的阴影特质呢？

南宋词人辛弃疾说过这样一句话："为赋新词强说愁。"指出了"诗人"原型的阴影。多情如诗、想法细腻，本是上天赐予的一种天赋才华，但人生也常常"多情反被多情伤"，因为诗意般的敏感，让我们无意识中体察到别人所不能体会的痛苦与愁滋味，不知不觉地将自己的人生想象成具有诗意美感般的悲剧，以致走向毁灭性的结局。

古今中外都有许多具备这种"诗人"原型特质的富有才华的人士。日本颓废派作家太宰治便是多愁善感的典型人物。他十六岁就展现出文学方面的高度才华，二十六岁时发表的《逆行》成为日本第一届"芥川奖"的候补作品。然而，太宰治从二十一岁那年就开始尝试自杀，他一生中自杀四次未遂，在第五次自杀时才如愿。他留给后人无数的小说作品，许多直指人性最深的黑暗面；其中，以《人间失格》这部自传式的作品里的"生而为人，我很抱歉"这句话最广为人知。

水可载舟，亦可覆舟。多愁善感的才华，让太宰治成为很多人心目中的"忧郁王子"，他忧郁深锁的眉头，俘获了许多寂寞少女的芳心。太宰治的自杀是殉情，是凄美生活中超越痛苦的不得已，也仿佛是他充满诗意的生命里注定的结局。

"诗人"原型从内在被启动时，我们会变得相当敏感，也总是期望自己能越过表象，看见深处；但敏锐的思维总会无意识地夹带丰盈的情感，理智和情感纠结在一起久了，思维的逻辑性也许就被情感淡化了。所以，要克服"诗人"原型的阴影，就要让逻辑思维重新回到理性的层面，与充沛敏锐的情感共同运作，并且要保持内在自我提醒的空间，避免因为想太多，而让自己钻入无出路的牛角尖中。

面对"诗人"的人格原型阴影，可以怎么做？

想一想，如果必须从两组词中，挑选一个来形容自己，你觉得自己比较偏向"想法有深度"还是"钻牛角尖"？

你也可以试着和你的朋友讨论这个问题。

如果你发现自己有"钻牛角尖"的倾向，请接着问自己：我如何在这种深度思考下，为自己设一个止损点，适时地回到现实环境中透透气呢？

说书者原型（Storyteller）

——我只相信我所相信的，
　不管那是不是真的！

光明面：善于运用故事元素，想象力丰富。

阴影面：添油加醋，在故事的真实与虚构间感到迷失。

"说书者"原型象征着以语言来表现生命体验的喜好，擅长将各种元素放在一个故事结构里交替运用，想象力非常丰富的人。

动人的故事往往具有牵引人心的功能，善于说故事的人也常常能带动和激励群众；然而，"说书者"的阴影也正来自这种鼓动人心的力量。倘若"说书者"在杜撰故事时加入中伤他人的谣言，不只为他人带来杀伤力，也让群众迷失在现实与虚构之间。换句话说，"说书者"的力量可以激励人心，也能蛊惑人心。当我们被"说书者"的阴影面笼罩时，添油加醋、说长道短的特质也就一并浮现。甚至，蛊惑人心久了，连自己都忘了现实世界在哪里，致使内在产生一种莫名的、无法踏实生活的空虚感。

在思想上，"说书者"的人格原型阴影会形成一种"以假乱真"的信念，让人宁可相信自己编造出来的故事，来增添自己生命的色彩，也不愿回到现实层面，和真实共同存活。所以当我们落入"说书者"原型的阴影面时，也常常变得选择性地接收周围的信息，只去听自己想要相信的东西。

要理解"说书者"阴影的力量有多大，只要去看看那些诈骗案新闻就行了。

2011 年，台湾地区有一位高学历、工作能力也不错的女士受到网络诈骗，对方谎称自己是美国的高级政府官员，曾经打击过国际恐怖分子，这位女士和他在网上谈了好几个月的恋爱以后开始谈婚论嫁。当然，这场虚构的恋情，在该女士拿着高额旅行支票向银行兑现时被戳破，可这位女士仍坚信这是一场"真爱"而不是"美丽的谎言"。

类似的事情每隔一阵子就又会在社会中上演，2017 年的台湾地区就发生过上百位成年女性同时遭到国际诈骗集团骗情诈财的事件，诈骗集团的谎言令旁观者都直呼夸张。然而，或许一阵子后，仍会有许许多多的人再次陷入这些美丽的虚构情节中。

为什么会如此呢？

为什么有时我们会"明知不可为而为之",明明知道是虚构的,却宁可相信虚构、否认现实呢?

其实,当陷入这种状况时,只要启动你的觉察力,回头一看,就会发现自己感觉生活是有压力的、是辛苦的,因为现实生活实在太不完美了,我们就宁愿活在故事里,活在自己的幻想里。

那么,有什么方法可以走出"说书者"的人格原型阴影吗?

按照心理学的观点,便是要有"现实检验"的勇气。在自己所相信的故事之外,也去问问别人的故事版本,或许最后会发现故事也可能有不同于我们想象的结局。

面对"说书者"的人格原型阴影,可以怎么做?

想一想,当你每次唾沫横飞地表达自己的想法后,感觉是快乐,还是疲累?原因是什么?

你喜欢自己的表达方式吗?你有没有刻意地要搞笑,或是特意引发别人感动的毛病?

你觉得自己的表达大多发自真心吗?

书记原型（Scribe）

——我不想错过那些
　我不能错过的!

光明面：善于整理、记录知识，保存真实。

阴影面：陷入知识焦虑，通过不正当渠道来取得知识，对他人造成伤害。

　　讲到"书记"，你可能会想到法官开庭时，坐在一旁，埋头记录下每一句答辩的那位书记官。确实，这种擅长记录重点，从别人描述中撷取摘要的形象，便是习惯将知识保存下来的"书记"原型。

不同于"诗人"的敏感浪漫、"说书者"的鼓动人心，"书记"展现的便是对知识的信念与坚持。从心理层面来说，"书记"原型象征着我们对事物的渴求，以及不想错过任何新信息的想法。我们在日常生活中看到那些听演讲时都很认真做笔记的人，也不外乎是"书记"原型的展现。

此外，在台湾地区知名纪录片导演齐柏林身上，也可以看到"书记"原型的光明面，就是那种保存真实记录的渴望。过去，齐柏林曾是拍摄房地产广告的导演，但后来他说："不得不美化的照片拍多了，反而会有种想要拍出真实的冲动。"观赏齐导的作品时，你几乎不会感觉到里面有什么过度的美化与修饰。

然而，当"书记"原型疯狂地占据我们内在时，也可能产生一种知识上的焦虑，使我们采取极端的做法，通过掠夺、剽窃或其他不正当的手段来取得信息，甚至滥用自己获得的知识，对他人造成某些伤害。有些人不相信自己可以创造，只有能力模仿，也因此各种创作产业都时常传出关于"抄袭"的争议。

我们来看看俊佑心里藏着的秘密。

青春期时，俊佑就对文学相当着迷，无数次幻想自己未来能成为一名作家。但在现实中，他屡屡投稿、屡屡失败，好像茫茫人海中找不到懂得赏识他的伯乐，不论是记叙文、抒情文还是议论文，受到青睐的作品中永远没有俊佑的份儿。于是，他只能仰望那些写文章信手拈来就能得到杂志刊登文章的同学，心里非常羡慕。

偶然间，俊佑在爸爸书柜里翻到一堆老旧杂志。打开杂志一看，居然是数十年前爸爸还在念中学时期的校刊，里面有几篇书写十分流畅的短文和新诗，俊佑越读越喜欢，不知不觉就把这几篇文章的内容都背了下来（"书记"原型被启动）。不久后，俊佑收到一条新的征稿信息，突然间他闪过一个念头："何不利用那些已经保存在我脑海里的知识呢？"

凭着记忆，俊佑在投稿时写下那些从老旧刊物里读来的、已经背诵熟稔的字句。没想到，这次投稿竟被主办单位给采用了。

俊佑突然发现原来这个方法如此好用，虽然心里有些挣扎，但他告诉自己："除此之外，我还有什么办法呢？而且我不是'抄'，只是记下来而已，没有完全一样。"于是他再度拿起爸爸的旧刊物来阅读与背诵，并且用类似的方法又投了几次稿。逐渐地，俊佑作品被采用的次数越来越多，而他也开始学会在背来的句子中加入更多自己的想法，最后，他终于不再需要仰赖从爸爸校刊里"记下来"的知识。

只是，直到俊佑出书、真的称得上是一位作家后，他仍然在煎熬中度日，不知道该相信成功靠的是自己的本事，还是因为自己的作品里面盗用了别人的智慧，俊佑现在已经是一个知识的传播者了，但他不确定，自己到底算不算是个冒牌货？他仍然停留在"书记"原型的阴影面，相信自己只能记录、无法开创。即便他现在看似成功，却无法真正感到快乐。

我想，这个阴影要等到俊佑愿意重新肯定自己产出知识的价值时，才能重返光明。

回忆那些你曾经"错过"的人、事、物，记录下来，然后问自己他们让你觉得可惜的地方有什么。

回想你现在的生活中，有没有什么令你很担忧会错过的人、事、物。想一想，如果你真的失去了这些，对你的生活真会有什么实际的影响吗?

如果你的生活中有许多担忧会错过的事，请为它们排序，再逐一去完成它。

* * * * * * * *

人生在世，我们总是或多或少地执着于某些信念，甚至坚持某些不可动摇的价值观;于是，信念和价值观影响着我们的处世原则，也影响着我们经营生活和理解世界的思维。"魔术师""提倡者""修行者""幻想家""工程师""处女"等原型，便是我们内在信念的实质展现。

魔术师原型（Magician）

——我不用按照常理，
也能办得到！

光明面：以力求变化与超越传统的思维，去思考还未被理解的非
理性现象。

阴影面：失去自信作为心理上的支撑时，陷入无序或自我怀疑。

"魔术师"原型，象征我们总是力求超越传统、打破沉闷，在
一些原本可预期的事情上求取变化的心理。由于魔术的呈现是不
可思议的，是观看的人所不能理解的，因此"魔术师"原型也代
表我们对自己所不能理解事物的非理性的尊重。

荣格曾说，这个世界常常忽略无法理解、缺乏理性的事物，但对想要打开自己内在混沌的人而言，他们需要通过这些"非理性"来与自己的内在沟通。所以，人对自己无法理解的事物应该保持一种尊重的态度，等那些无法理解的事物与理性同步后，我们就能够尝试去思考它。

在心理层面上，"魔术师"象征我们内在那份"天马行空"的胆识，以及"脑筋转得很快"的自信。这种思维方式常常为别人带来惊喜，仿佛总能把一些不可能幻化为可能，并逐渐形成一种价值观："这世界有无数种可能，人不一定要循规蹈矩，也可能获得成功。"

然而，当我们的能力或成果跟不上自己在信念上的坚持时，也可能落入"糊弄别人"或是"被人糊弄"的境地，感受到混乱和被误导，使那些"天马行空"的想法没有机会通过具体执行变成现实。所以，"魔术师"原型的阴影，便是对自我能力不够自信，以致不自觉地怀疑心里天马行空的想法，或是无法驾驭这些想法而导致生活失序，却又害怕自己在别人眼里是个肤浅的人。

来看看下面的例子。

从小，纯安脑袋里就充满古灵精怪的鬼点子。比如说，他把妈妈高跟鞋的鞋后跟给拆了，鞋子变成一只漂浮在水上的帆船；他把爸爸的领带往头上一绕，将自己变成了一个阿拉伯人……他的所作所为在父母眼里看来，简直是又好气又好笑，真不知道该拿他怎么办才好，纯安告诉爸妈，他将来要成为一个发明家。

只是，纯安开始上学以后，老师们却很难肯定他那些出人意料的想法，于是纯安常常被师长们质问："你这么调皮捣蛋，以后怎么能成大器呢？"

"老师，我以后会成为发明家的！"纯安说。

"认真念书的人可能成为发明家，你一直这样调皮捣蛋是很难的。"老师回答，并叫纯安去学学坐在旁边的小明，或是成绩很好的小花。纯安却觉得小明和小花那么认真念书看起来很蠢，他宁愿继续做自己的发明梦。

可能是被老师念叨久了，原本对纯安的天马行空的想法总是一笑置之的父母亲，也跟着数落他："你功课怎么这么差呢？""不要再玩那些小把戏了，赶快去念书！""你多放点儿心思在课业上好不好，不要成天想当什么发明家！"

父母讲着讲着，纯安开始觉得，自己好像没有原本想象的那么厉害，甚至可能真像别人说的那么差……他心理上开始退缩，但为了不表现出一副受到打击的模样，他还是挺直腰杆、嬉皮笑脸地和别人开玩笑，继续耍小把戏。结果他变得越来越不喜欢念书，成绩也真的越来越差了。

越不念书，成绩越差，师长们的数落就越多，纯安的自信心也就越少；诡异的是，纯安的自信心越少，他的书就念得更少，小把戏则耍得更多，当然也就被师长们数落得更厉害……于是纯安逐渐放弃了让自己变聪明的学习路线，而往小聪明的快捷方式走去。他变成只会想象而不去执行，还看不起认真念书的好学生，觉得循规蹈矩是一件很蠢的事。

我曾经听一位当过魔术师的朋友说，大家在看魔术表演时，常常觉得很不可思议，原本很复杂的事情，魔术师仿佛真有特异功能一样，一下就办到了；但大家都不知道，在每一种魔术手法背后，魔术师其实也经历过别人难以想象的刻苦练习。就像荣格所说的，"魔法"是用无法理解的方式，来让我们理解那些原本不能理解的事情。

或许，纯安的问题就在这里，他太过期待自己是个有特异功能的人，不用任何努力就可以收到成效。这种想法久了，就会不自觉地害怕"认真努力"会让自己变得不够特别。这种想法也会阻碍我们发现：即便是"魔术师"，也要经过认真付出（让不可理解变成可以理解），才有机会成为一个"魔术大师"。

我们付出的方式有很多种，有大家都熟悉的认真努力，也有属于我们自己独特的（魔法般的）渠道。

面对"魔术师"的人格原型阴影，可以怎么做？

思考一下，你为了自己所期望的未来付出了什么？你如何看待那些百分百努力付出的人？

你心里是否曾经闪过一丝想法："如果我比现在付出更多，却仍然无法得到自己想要的，该怎么办？"这种想法是如何影响你的生活的？

提倡者原型（Advocate）

——我们要多为他人着想！

光明面：能将生命奉献在对公众有益之处。

阴影面：对自私自利的想法感到排斥，甚至不敢接受一点儿"利己"
的欲望。

　　"提倡者"原型，代表一种"利他主义"的信念，热心于改革
社会的不公平，对将自己的生命奉献在为他人争取权益方面相当
执着。也可以说，"提倡者"思想的背后，是有足够多的同情心与
怜悯心在支撑的，"提倡者"原型会促使我们义无反顾地投入自己
觉得有意义的公众事务上。

一般来说，"提倡者"往往活跃于团体当中，为团体利益而生，他们的信念及使命感相当伟大。然而，一旦"提倡者"原型展现出它的阴影，人们也可能会被一些负面动机挟持，将个人利益摆放在团体利益之前，以团体利益来掩盖一己私欲。或者，以自己盲目的信念来评判事物的是非价值，而失去客观理性的判断。

　　因此，"提倡者"原型的光明与阴影，就像马丁·路德·金（Martin Luther King）曾经说过的那段话："每个人都需要做出选择，是走在富有创造力的利他主义的光明中，抑或具有破坏力的自私自利的黑暗中？"

　　"the Cancer Fund of America"（美国癌症患者基金）是一家位于美国的慈善机构，负责人及其家族还设有另外三家相关的慈善机构。然而，这几家慈善机构曾经受到指控：在2008年至2012年间，合计募得的二亿美元中，只有不到百分之三的用途符合原本的劝募初衷，其余款项大多用来支付公司与个人款项。其中，个人支出还包括内衣费、旅游费。

　　诸如此类的公益团体争议案件，在各国都屡见不鲜。有人借此开玩笑说：你可以躲得了电话诈骗，却可能逃不开公益诈骗。

　　为何以公益为名的诈骗显得更加容易呢？这便与我们内在的"提倡者"原型相关。因为"提倡者"原型内涵中的"利他倾向"，使我们容易陷入爱与同情的思维，认为亲近社会公益、"为他人着想"才是正确的为人处世之道，如果自己做不到这点，就像做了什么不对的事情。

　　所以因为"提倡者"的原型思维，我们可能会无意识地否定所有"利己"的思维，误以为"为自己着想"的想法就等同于"不顾他人死活"的"自私"。在这种情况下，我们反而会因为过度忽略自己的需求而落入"提倡者"的阴影面，变得不敢去面对内心最真实的想法和欲望。此时，"提倡者"原型的信念便形同一种期待获得社会认同的伪装，原本出于良善的信念，却令我们感受不到由衷的快乐。

所以，爱与同理的思维，往往建立在"不会过分委屈自己"的前提之上。倘若因为深陷"提倡者"思维而让自己太委屈，心灵深处反扑的力量，可能反过头来让我们产生想要从公益中牟利的欲望。

> ### 面对"提倡者"的人格原型阴影，可以怎么做？
>
> 思考一下，在日常生活琐事中，你将心力大多放在为别人付出上，还是放在为自己付出上？如果可以用百分比来划分的话，你为自己付出心力的比例是多少？为别人付出的比例又是多少？
>
> 请把这个比例写下来，你觉得现在这种状态，是让你感到舒服的吗？

修行者原型（Cultivator）

——我要平心静气！

光明面：追求心灵深层次的坚定力量。

阴影面：过分要求自律严谨，忽略自己的需要，陷入自我虐待的境地。

"修行者"原型，代表一种想要追求平心静气的思维，期望自己能重视心灵层面甚于物质世界，有淡泊欲望的理想，和渴望更高层次智慧的强大动力。相信在这世上总有办法，能将自我推向一个更高、更远、更清净的境界。

"修行者"原型的阴影面，则是对"心如止水"的过度执着，认为要收起内心所有的欲望，才能获得人生最后的超凡脱俗与解脱。所以，"修行者"的人格原型阴影会让人陷入苦修苦练的误区，甚至在身体上进行自我虐待，相信肉体的磨难可以激发出心灵的巨大力量。

台湾地区有一位自称能够排解人们身心负能量的"大师"，在其开设的课程中，一名女学员呕吐数小时后身亡。据新闻报道，这位"大师"的课程内容包含跳"神舞"、捆绑后搔痒而不准笑，以及喂药等。"大师"宣称，喂药后所产生的呕吐反应，即是身体在排解负能量的症状，该名女学员之所以最后会死亡，是因为"她的灵魂不想回来"。

这种"灵修"致死的案件，已经发生不止一次两次了。很多人觉得不可思议，怎么会有人相信这种"扯爆了"的说法？谈到这里，或许就得来认识一下我们内心深处的"修行者"原型，理解那股想要"心如止水、平静无波"的渴望。

一般来说，人生总是充满高低起伏，有欢乐的时刻，也必然会遭逢痛苦。在经历一些痛苦的事情时，我们总会感觉到那种心灵遭受强烈挤压般的痛苦；经历起起落落后，我们开始渴望回归平淡，以及不随意受到大喜大悲影响的生活。

这种"静止"的心灵状态对我们来说，当然是相当不容易达成的。我们常常觉得无法控制自己的心，因为心灵埋在用肉眼无法观察到的内在深处，很多时候我们似乎只能转向对肉体的操控，来驱使自己走向平静，排除那些心理层面的侵扰。

尤其当遇上令人感到痛苦的事件时，走向"静止"的想法就越强，我们便越倾向去寻找那些可能让激动的心情平静下来的方法。此时，我们向往平静的欲望并非内心真实的想法，而只是为了要逃避周遭人、事、物所带来的痛苦和压力。所以具有"修行者"原型的思维的人，便容易被痛苦的情感所蒙蔽，选择某些非理性的、自我折磨的举动。这绝不是一个健康的"修行者"的展现，反而是一种逃避现实的思维。

所以，"平心静气"是不能勉强的，当我们想放下一件事情时，自然就会放下它。有时我们需要多给自己一点儿时间，去达到心灵上的成熟。

面对"修行者"的人格原型阴影，可以怎么做？

回想一下，上次面临痛苦时，你做了什么？

睡觉？听音乐？疯狂运动？捶墙壁？……

思考一下这些做法有无自我虐待的倾向，并且圈出其中对你真正有用的做法。

幻想家原型（Visionary）

——我要深谋远虑！

光明面：放眼未来且具有远见，可被人信任和依赖。

阴影面：因为外界质疑而放弃自己在思想上的坚持。

"幻想家"指的是那些在思维层面上相当有远见的人，他们能够以一般人无法达到的高度去提出对未来的设想，甚至"从无到有"地提出卓越之见，希望能造福人群。"幻想家"的意见之所以受欢迎，是因为这些意见不只令人耳目一新，还能经得起时间的考验，给周围带来正面的影响。因此，"幻想家"是一种让我们可以坚持目标的思想原型。

然而，"幻想家"原型也有阴影面。在面向未来发展的过程中，也可能因为害怕自己的想法不被他人接受，而改变自己真正的想法，使它更容易被外界接纳，以至于失去了思想上的自主权，仿佛迫于外在压力而贩卖自己的思想。所以，无法通过时间考验、坚持自己想法直到实现，就是"幻想家"的阴影面。

关于"幻想家"原型特质的展现，我们可以来看看活跃于二十世纪的英国数学家图灵（Alan Mathison Turing）的故事。

图灵被誉为计算机科学之父，二战时，他加入了破解德国军队军事机密的密码破译小组，但因为性格孤僻，与团队里的人合作困难，被同事们纷纷投诉，他的研究计划差点儿被迫停止。然而，图灵对自己能够完成科学研究的信念还是相当执着，最终，他发明了现在被称为"图灵机"的机器，并证明"图灵机"有能力解决各种复杂的数学问题。后代的科学家评价，图灵的科学研究使第二次世界大战至少提前两年结束，而"图灵机"也成为现代计算机的雏形。

图灵在信念上的坚持，显然呈现出"幻想家"的光明面，而"幻想家"原型的阴影，就是会不断遭受到周围环境（甚至自我）的质疑与挑战，相信图灵也必然经历过这些。二战后，图灵因同性恋倾向遭受迫害，为了能继续从事科学研究，他在"坐牢"和"化学阉割"之间选择了后者，并在女性荷尔蒙注射剂的副作用中受到身心上的折磨，最后，他食用浸泡过氰化物的苹果而死。

2009年开始，英国有数万人联名向首相请愿，要求对当年因同性恋倾向遭受迫害的图灵道歉，并要求英国政府追授图灵死后赦免状——这项赦免状终于在 2013 年由英国女王颁发。2017 年 1 月，《艾伦图灵法》生效，约有四万九千名和图灵有相似遭遇的同性恋者被赦免。

虽然艾伦·图灵的悲惨故事表面上看是同性恋的缘故，但他的"幻想家"人格原型是其深层次的问题所在。此事为何能引发这么大的社会力量呢？或许就在于他对所相信事物的那份坚持、不因外界压力而扭曲或放弃自己对未来愿景的努力，启动了许多人心灵深处的"幻想家"原型，最后凝聚成一股强大的社会力量，让大家齐心合力，完成了某些图灵在世时办不到的愿景。就像改编自图灵生平的电影《模仿游戏》（*The Imitation Game*）中所说的那句话："有时候，被世人遗弃的人，才能成就让人想象不到的大事。"

这种"被世人遗弃"的感觉，有时在"幻想家"原型的世界里，是必然要承受的。

面对"幻想家"的人格原型阴影，可以怎么做？

思考一下，当你对未来心怀梦想时，你是否能从这个梦想中找到意义？

如果是的话，你能否事先做好准备，当有一天受到别人质疑时，可以去哪里找到能够支持你、与你讨论的伙伴？

工程师原型（Engineer）

——我不能太感情用事！

光明面：具有有条有理、按部就班的逻辑思维，不情绪化。

阴影面：过于排斥情感，陷入机械化思维。

"工程师"原型的形象，象征务实且有条理的思维，这类人能够为所面临的难题规划出具体可行的方案，并想办法按部就班地完成它；由于讲求执行力，他们会尽可能排除情绪化的影响，力求中立客观。然而，也可能因为习惯性地忽略情感，而落入机械化的思维中，变得工于心计。

"工程师"原型的阴影面，他们则会排斥他人情感需求形成一副冷酷形象，仰赖指令和操作、步骤与效率，重视绩效甚于团体的向心力，使伙伴间的工作情感逐渐淡薄。

我们一起来看看建彰和他同事之间所发生的事。

建彰是公司的高级主管，大家都说他做事又快又飒、很有效率，但是他手下的员工却相当畏惧他，只要想到要和建彰开会，就纷纷紧张得头皮发麻。

若问起大家害怕建彰的原因，他们会这么回答：

员工 A："上次我去向老板（建彰）报告，才说三句话，老板就叫我不要扯太远，赶快'讲重点'。"

老板要求员工讲重点，不对吗？

员工 A："我觉得我已经很讲重点了。为了跟他报告，我在家里练习了几天，保证每一句都是重点。我觉得老板才是用自己的主观来判断别人没有在'讲重点'的那个人。"

员工 B："上次我和老板开会，讨论一件相当重要的规划案，但是合作厂商先前有某些不良记录，我有义务报告给老板知道。可是我才讲关于厂商的事情没多久，老板就问我：'所以你现在是情绪化，还是在就事论事？'听到这话，我也完全失去跟他继续谈下去的兴致了。"

当老板的，不能提醒员工在工作上不要情绪化吗？

员工 B："事实上，我觉得厂商并没有什么让我情绪化的地方，反倒是老板自己对我有许多偏见，他实在把我搞得很紧张。"

员工C：“上次我向老板说明一个项目的进度，我都还没讲完，老板就给了我很多'指教'。是的，每次跟他说话，都让我觉得自己是个笨蛋。”

嗯……可能不见得你是笨蛋，而是他真的很聪明。

员工C：“我知道老板是真的很厉害，但他聪明没关系，也不一定要把大家都搞得像笨蛋吧？”

既然大家口径如此一致，我们只好来劝劝建彰了：可不可以和员工讲话温柔一点儿？可不可以多点儿鼓励、少点儿批评，耐心再多一点儿？

建彰：“我不想批评他们，也不想鼓励他们，我只是就事论事，只要他们照进度规划把事情做好就好了，这不就是他们领人家薪水该尽的本分吗？”

话是没错啦，但是，你“就事论事”难道就不是一种主观？

建彰：“嗯……反正情绪化绝对没什么好处，相信我。虽然你们觉得我很冷酷，但我绝对避免了很多麻烦产生。”

建彰说得好像也没错，但从他的描述中，可以发现他的内心有一个假设，就是已经早一步否定了情感的价值。所以当他感觉到同事采用一种情感性的方式和他沟通时，他就会无意识地做出排斥这些情感的举动。

因为建彰是高级主管，同事们不得不忍受他这种否定（情感）式的对待，但如果建彰面对比他职位更高的主管，可能不舒服的情绪就轮到他自己头上来了。他的为人处世方式也可能会影响到他的亲密关系。

所以我们得问问建彰，这种"否定情感价值"的（主观）信念，是从哪里来的呢？

原来，建彰"就事论事"的想法是有历史背景的：很久以前，建彰的爸爸曾和公司的女性下属关系暧昧，原本工作上呼风唤雨的地位，因绯闻一落千丈，爸爸忧郁地提早退休在家。退休后赋闲在家的爸爸特别喜欢叮嘱建彰："你要记得，以后不要跟人家讲什么感情，工作就工作，多用大脑，多点儿理性，不然等下属惹出什么麻烦，你就吃不了兜着走。"

听进去了没有？

当然听进去了。无奈，建彰并不只是将这份信念用在工作上，他也用在了谈恋爱上。所以和建彰交往过的女性都说他很难亲近，和他相处真的很紧张……

确实，"就事论事"的信念并没有什么不好。然而，建彰可以思考的是：我的"就事论事"，或许不一定要建立在否定别人的"感情用事"上。

"就事论事"和"情感"，不一定是完全互斥的东西。

面对"工程师"的人格原型阴影，可以怎么做？

思考自己看事情的立场是真的"就事论事"，还是"排斥情感"。

想象一下，如果你遇到一个和自己"就事论事"程度有过之而无不及的人，你会怎么看待他？

处女原型（Virgin）

——我要保持完美!

光明面：力求完美，努力克服各种变数带来的不利影响。

阴影面：恐惧与他人亲密合一，担心他人的放纵会污染自己的纯真。

"处女"原型是一种崇尚"纯洁无瑕"思维的象征，这类人对周围人、事、物有高度的期待与要求，并且相当自律严谨。换句话说，"处女"原型的思维状态，会让人不知不觉产生"力求完美"的想法，甚至不容许期待之外的变数发生；当周遭事物违背了"纯洁无瑕"的期待时，他就会陷入负面的情绪状态中。

在心理上，"处女"原型的思维可能使人因过度严谨而难以自在、快乐地工作与生活。因为对"纯洁""天真"的执着，这类人便容易拿放大镜来观察身边所发生的一切，无法忍受他人以一种放纵、享乐的态度生活，并对此感到愤愤不平。

往"处女"原型的内心深处走去，会发现其中潜藏着一种恐惧。害怕自己与他人过度亲近，担忧在亲密关系的合一感中，会失去对内在世界的理性思考与控制。

某次，我主管工作坊时，团体中有位伙伴和我分享她的自我觉察。她说，她感觉到自己的思维受到"处女"原型的掌控，因此做事总是非常要求完美，甚至对别人无法同样严谨地要求自己感到相当生气。

她问我："我们对自己内在原型的认识，仅仅是觉察以后接受它，这样就够了吗？"

我告诉这位伙伴，其实，要接受自己身上所展现出来的原型，并没有想象中那么容易；因为当我们发现自己身上的某些特质时，很容易被这些阴影面干扰，只希望把原型的阴影特质从心底、从生活中给驱赶出去。

就像这位伙伴所体验到的，她以为自己已经充分接纳内心对完美的要求，然而，当她为别人的懒散（不完美）而感到浑身不舒服时，并不是真的因为别人做了什么触犯到她（别人的不完美和她一点儿关系都没有），而是她心中"处女"原型的阴影正在运作。换句话说，或许当她看到别人的懒散时，这位伙伴不自觉地担忧自己有一天也会变成那副德行，所以心里才会感觉到如此不舒服。

并不是这个人的存在令她不舒服，而是"处女"原型的阴影面正在影响她。

这个逻辑可以广泛推演到生活的许多片段中——那些没由来地令我们感到讨厌无比的人，或许他们根本没做什么冒犯我们的事，而是他们的存在，引出我们内在原型的阴影面了。

所以，"处女"原型的存在，最能挑动我们对别人的难以忍受的情绪，但那往往是因为，我们在那些讨人厌的人身上，看到了某部分自己。我们害怕那个人一靠近我们，我们就会和他同流合污了。

一个完全接纳自己的人，往往是不会对别人无关紧要的小事感到讨厌的。

面对"处女"的人格原型阴影，可以怎么做？

请写下十项"完美"可能为你带来的好处。

请写下十项"不完美"会为你带来的坏处。

请回头看看刚才写过的东西，问问自己：看完这些回答后，感觉是什么？

然后，请你写下生活中三个你觉得"完美"的人，他们和你有什么不一样的地方？

最后问问自己：一个完美的自己是什么样子？会过着什么样的生活？那是不是你想要的生活？

　　学会接受自己的"无能"，就会受益良多，让我们欣赏所有最微不足道的事物。……我们内在的英雄感是被所谓好的思维统治的，认为这样或那样的表现不可或缺，这样或那样的目标必须实现，这样或那样的快乐应该被无情地镇压。结果，我们犯下对抗无能的罪。但无能就是真实存在的，没人应该否认、苛责它，甚至通过吼叫压制它。

——荣格《红书》

自我觉察活动·书写练习 2

理解与"思想"相关的情绪原型后，你可以通过下列练习，整理自己内在信念的由来，并且决定要如何结交志同道合的朋友。

◆◆◆ 活动：为自己绘制选择的"思想三角形"

首先，请花一个星期的时间，观察并记录下（时常）浮现在你心里的想法，仔细思考自己的价值观。

接着，你可以利用下一页的"思想原型自查表"，在第一类原型中，请回想那些影响你颇深的价值观的来源；在第二类原型中，请反省你过去是否曾对该原型感兴趣；在第三类原型中，请挑选出符合自己信念的原型反省即可。记得将"信念由来"和"对现在生活的影响"写下来。

思想原型自查表

表4

类别	原型	信念由来	对现在生活的影响
1	传道者	父亲说：女孩子要遵守"三从四德"。	不敢追求太高的成就。
	授业者		
	解惑者		
2	诗人	小学时，我是个非常浪漫的人，写情书被同学发现嘲笑。	多情是一件丢脸的事，要想办法压抑自己这一面。
	说书者		
	书记		
3	魔术师	我爸是一个很聪明的人，在他面前太认真总让我觉得自己很蠢。	做事太不靠谱，其实只是希望当个"看起来"聪明的人，但心里很不踏实。
	提倡者		
	修行者		
	幻想家		
	工程师		
	处女		

完成自查表后，请你将从中整理出来的信念上的特质记录在如下图的三角形中。请在三角形的三个边角，分别写上：你表达思想的长处（角1，从第二类中挑选）；从第三类中挑选出与你相像的思想原型（角2）；再从第三类中，挑选出你觉得适合与你结交朋友的思想原型（角3）。完成后，将你的信念用一句话来形容，填写在三角形的中间。

最后，请问问自己：现实生活中，你在你所结交的朋友身上看到了什么样的思想原型特质？你们在信念上契合吗？你是否真正结交了适合自己的朋友？当然，也请你完成后记录下你的感想与发现。

示意图：

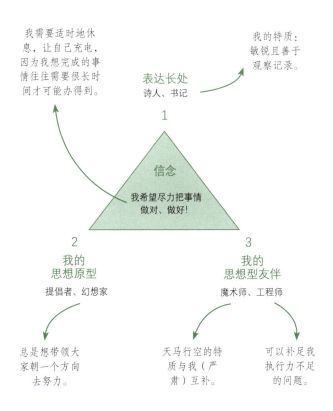

第 4 章

那些无法控制的惯性行为，和内在小孩相连

—— 实践与"行动"的原型

行动共通原型

　　每个人的心底都住着一个"小孩"，来自我们童年时期求生存的需求。

　　对成年人而言，"小孩"原型虽然为我们的成年生活贡献了某些趣味，平衡了成人生活中过于严肃的责任感，但也可能因为"小孩"原型中包含着某些过去未被满足的欲望，以及直到成年都还没能跨越的情结，而使我们无法控制自己，做出与自己想法截然不同的行为。

　　"小孩"原型可以说是我们内心深处最脆弱的那个角落，让我们不知不觉对承担责任有所挣扎，对迈向成熟独立感到害怕。

　　整体来说，"小孩"原型又分成五个类型：创伤小孩原型、孤单小孩原型、贫穷小孩原型、神奇小孩原型和永恒小孩原型。

创伤小孩原型（Child-Wounded）

——童年时期的"创伤记忆"

光明面：宽恕与同情他人。

阴影面：自怨自艾和以牙还牙。

在心理咨询工作中，"创伤小孩"原型是我们最常处理的原型，也就是每个人无意识中保留下来的孩童时期曾经被忽视、虐待等其他种种与受苦相关的记忆。当"创伤小孩"成为主导我们性格的原型人物时，常常会令人因此陷入某些"退化"的状况，以及在理智上无法克制自己的行为。

读大学四年级的家佳就是这样的例子：她有焦虑型的购物癖，

读大学四年级的家佳就是这样的例子：她有焦虑型的购物癖，常常无法克制自己刷卡购物的冲动，因而欠下了许多无力偿还的卡债。

经过谈话，我们发现家佳与她交往半年的男友近来出现严重的争吵，两个人时而感情甜蜜，时而因为一点儿小事就争吵得不可开交。每当两人争吵时，家佳总会死拉着男友要他把话说清楚，但男友偏偏倾向于离开事发现场，一番大吵后，男友会想尽办法夺门而出，留下家佳一个人面对寂静的家。家佳心里焦虑难耐，无法遏止地放声哭喊，却怎么都盼不回她期待的男友的安慰。某天，当家佳因和男友争吵而感到无助时，她手机正好收到一条来自购物网站的信息，浏览购物网站适时填补了她情绪上的空缺，陪伴她等待男友回家的时刻。

家佳的男友告诉我，他实在是怕了这样歇斯底里的她了。男友忆起两人刚交往时，家佳为人处事的聪明通融令他相当欣赏，没想到才交往几个月，他就发现她如此情绪化的另一面。

我告诉家佳的男友，当一个人的行为无法符合现实的逻辑时，必然有些意识背后的无意识情结出来扰乱作祟。美国心理学家夏夫（David Scharff）把这种时刻称为"远程时间"，也就是现下的某些画面场景令我们联想到过去几乎已经遗忘的某些时刻。换句话说，我想在家佳的心里，和男友吵架的时刻勾起了她远程时间里的回忆。

那个遥远的记忆，塑造出家佳心底的"创伤小孩"。

于是我问家佳："如果在你心里有个受伤的孩子，你知道她的伤是什么，她的伤痕从何而来吗？"

果不其然，家佳的原生家庭有一对相当爱争吵的父母。理论上来说，这世上有几对夫妻能日日恩爱不争吵呢？但家佳从父母那儿接收到的最大创伤感受是，每当父母争吵过后，往往左一个夺门而出、右一个负气离去，只剩下家佳和她哇哇啼哭的弟弟，在仿佛不再流动的时间里，等待父母重回家庭。

所以成年后的家佳，每当男友与她争吵后离开事发现场时，家佳就仿佛退回了那个被父母丢在家里的创伤小孩的状态，那个忍耐着心底的不安无助、无穷尽等待父母的童年身影，便是家佳心里"创伤小孩"的原型，这让她无法控制在这种情境下出现的焦虑和歇斯底里的情绪。

"创伤小孩"会令我们自怨自艾，或者怪罪对自己造成创伤的人，并且无法控制地用强力抵抗或以牙还牙的行为来面对亲密关系。

然而，"创伤小孩"的阴影之外也有光明面存在。因为有这种受苦经验，我们会有一颗怜悯与同理的心，渴望服务其他受伤的人，并通过宽恕来学习成长。

就像童话故事《白雪公主》和《灰姑娘》，白雪公主差点儿被坏皇后给杀害，灰姑娘每天被继母和两个继姐虐待，她们都是"创伤小孩"的经典原型。在许多童书版本中，坏皇后和坏继母的下场几乎被省略或用诙谐的方式带过。但也有人说，在最早的格林童话版本里，白雪公主最后惩罚坏皇后穿上炙热的铁鞋，跳舞至死；灰姑娘的坏姐姐们则为了穿上水晶鞋削断了脚趾，最后还被一群鸟给啄瞎了……

只是我常常在想，如果白雪公主和灰姑娘没能如此"圆满"地惩罚当初虐待她们的人，她们是否会把这种想叫人削脚趾的欲望带到婚姻关系当中呢？

你呢？你喜欢哪一种结局？

或者我该问：哪种结局能将你心底的"创伤小孩"带往真正快乐的方向？

孤单小孩原型（Child-Orphan）

—— "与家庭格格不入"
　　的部分

光明面：克服生存恐惧，寻求心灵的自由独立。

阴影面：渴望寻找代理家庭（家人／亲人／情人），想依附他人，

拒绝成长。

　　根据艾里克森（Erik Erikson）的心理发展论，我们从出生那
一刻就开始学习信任别人了。换句话说，一岁以前是培养信任感
的关键期，通过照顾者的充分给予、接纳与支持，我们逐渐发展
出对人的关怀与信赖，然后产生对社会人群的好奇心和探索心。然

而，这世界上有几人能如此幸运，所遇的照顾者（父母）总是无条件给予、接纳和支持？所以"格格不入"的感觉就产生了！为了生存，我们学会察言观色，有时勉强自己去讨别人欢心。这些细微到几乎令人遗忘的记忆，都为我们内在累积了形成"孤单小孩"原型人物的能量。

你似乎感觉自己与周围的人格格不入，却又害怕自己的格格不入。

你可能强迫自己将一切都看得无所谓，却又感觉自己内心深处其实还受到外在人、事、物的牵扯影响。

你讨厌自己的心有所感，所以尽力让自己的行为看起来随性不羁。

但只有你自己知道：因为你在乎，所以你感到孤单。

我想起小儿子要上小学之前，同校的妈妈群里在讨论小孩以后要带什么样的便当盒去学校装营养午餐。

A妈妈说，因为营养午餐有咸汤和甜汤的区别，所以要带子母碗（大碗包小碗），附上一只汤匙。

B妈妈说，要带那种有附餐盘的便当盒，把菜饭分开，方便孩子吃。

C妈妈说，那干脆带重叠在一起的多层碗好了。

结果，开学没多久，孩子们个个省去了妈妈们为他们精心准备的花式碗盘，留下最素净的一只便当盒，理由原来是：这样最方便，在学校不容易造成同学之间的差异感，或者惹得他们出糗。

从这个例子可以看出，孩子想要同化自己、与他人相仿——即便觉得把菜饭混在一起吃很恶心的孩子也是如此，他们宁可放下自己的需要，也不要和别人不一样。

除非他们身旁有大人的支持引导，否则孩子很难骄傲地认同自己的"独特性"。

接着，未被支持、接纳的孩子长成了无法支持、接纳自己的成年人，"孤单小孩"躲在成年的躯壳下暗自喘息，在渴望和拒绝的矛盾中挣扎着。

直到我们学会融入自己的需要。

对成年人来说，孤单的感受之所以如此强烈，不再是因为"与他人格格不入"了。孤单小孩之于成年人，已经升华成一种"与真实自我"格格不入的感觉，让我们不知道自己是谁，找不到人生的定位。

"孤单小孩"的原型，推动我们能够与内在的自我靠近。

贫穷小孩原型（Child-Poverty）

——一种"什么都不够" "不满足"的感觉

光明面：努力向上，积极争取。

阴影面：因为内心的匮乏感而自私、忧郁，或看不见他人的需要。

晓甄是个"洋娃娃控"，她超喜欢搜集绒布娃娃。如果你想追求她，非得为她去排队买限量的洋娃娃，她才能感受到你对这份感情的用心。

嘉祥当爸爸之后，非常喜欢买遥控汽车送给儿子，但他"赠车"的欲望已经到了无所节制的地步，令他太太摇头叹气。

冠廷认为工作最大的意义就是赚钱，他的日程表上填满了各式各样的行程，累到都得胃溃疡了，他仍嫌自己赚的钱还不够。

小容时常换男朋友，无奈每一位"前任"都被她嫌弃爱得不够热烈。分手后男友私下骂她是个贪得无厌的大胃王，为她付出的爱就像丢进海里一样，"扑通"一声就不见踪影了。

上述例了，都可以看成是内在的"贫穷小孩"原型正在主导当事人的情绪。

所谓"贫穷小孩"，并不真的是指童年环境穷苦，而是泛指他们童年时期"欠缺的""不满足的"各种感受。比如说，有些人在成长过程中觉得父母对自己相当吝啬，有些人则觉得父母一点儿都没有关注自己……从这些童年感受中发展出各种不同形式的"贫穷的"感觉，并且他们成年后企图在其他地方补偿回来。

当情绪被"贫穷小孩"掌控时，他们可能会陷入自己内在深刻的缺乏感中，以至于看不见他人对自己的付出和给予，也就可能体会不到人际关系中真实的模样，长此以往，就可能会对自己与他人的关系产生一些不健康的影响。

举例来说，一个从小被父母期待要成绩优秀、长大后要飞黄腾达的小孩，学习成绩却始终不理想，因而自觉在家里时常面对父母失望的眼神；这样的孩子长大后成为家长，心里的缺乏感令他不自觉将这种期待投射到自己孩子身上，要求孩子必须考上第一志愿，以致他看不见孩子其实在体育上有过人才华。最后，孩子的体育之梦因父母反对而破碎了，却仍达不到父母理想中的成绩期望。于是，郁郁寡欢的孩子变成另一个要求孩子成绩优秀的父母。

所以，"贫穷小孩"的原型在推动我们去了解自己内心的缺失是什么，才能明白心灵向往的方向在哪里。否则，只要见到某些仿佛能满足内心欲望的东西，我们就会忍不住不分青红皂白地一心想要抓住它。

神奇小孩原型（Child-Magical）

——内在"无所不能"的幻想

光明面：相信"凡事都有可能"，面对逆境时能展现出智慧和勇气。

阴影面：有着"不需要依靠努力和行动力就能获得"的不切实际的幻想。

弗洛伊德提出一个特别有趣的概念，叫作"婴儿陛下"，描述了婴儿早期的本位主义，他们认为这世上的人们仿佛都是为了替自己服务而生。换句话说，在妈妈子宫里的我们凭着一条脐带就能安然成长，呱呱落地后也自以为还在通过隐形的脐带操控这个世界。

婴儿早期的自恋感让他自以为无所不能，不用耗费太多努力，奶水就会自动靠近——"我"就是世界的主宰、世界的核心。

学龄后的孩子，腰杆却不能如此自信地挺直了；大脑发展的速度远远跟不上环境带来的巨大刺激，他们开始面对挫折，学习谦逊。只是骨子里那份属于婴儿时代的傲气仍然依附在内心世界的某处，引领他们用单纯的、真善美的眼光去看待外在的人、事、物。

渐渐地他们长大了，心里偷偷保留着一点儿不切实际的幻想。如果他幸运地没有遭遇太多挫折或旁人对他的压抑，这份"没什么不可能"的行动力依旧会悄悄地跟着他，偶尔为他带来一点儿"双脚没有踏在地球表面上"的浪漫梦想，促使他成为一个积极、直率、敢说真话的人。

对！就像《皇帝的新装》①里那个大喊"皇帝其实没穿衣服"的小男孩，"神奇小孩"原型令我们具有独到的眼光，敢说出或做出别人所不敢为之事。

值得注意的是，"神奇小孩"有时也是我们面对人生挫败经验的原型：因为现实环境太令人失望了，我们只好将内在心智保持在这种童年的浪漫中，来隔绝自己与真实环境共处。

于是"神奇小孩"不知不觉变得有点儿"白目"②，让我们学不

---

① 《皇帝的新装》是安徒生童话系列的故事，内容是一位皇帝被骗子愚弄，说他们为皇帝缝制的新衣服只有聪明或称职的人才看得到，后来，皇帝穿着这件幻想中的新衣服，前往市集进行展示，被一个单纯的小孩给揭穿。
② 白目，闽南方言，形容那些说话不留心眼、经常说出事实而伤害朋友的人。由于此类人经常会遭人白眼，于是以"白目"概之。

会在适当的时间说适当的话、做适当的事，然后再自我安慰地说：
"我只是还没遇到知音。"

　　面对心底的"神奇小孩"，我们需要厘清的是：他究竟是在帮我们发挥"逆境智慧"，还是令人充满"白目幻想"？

永恒小孩原型（Child-Eternal）

——内心世界"拒绝长大"
　　的部分

光明面：不让年岁阻碍自己享受生活。

阴影面：拒绝成长，缺乏承担与负责的能力。

　　关于不想长大、不想变老的心情，小飞侠彼得·潘是经典代表。荣格借用罗马诗人奥维德（Ovide）的"永恒少年"一词来形容这种拒绝长大的情结，而这同时也是小孩原型的其中一个方面："永恒小孩"。

　　为何人们内心深处会抗拒成长？我曾经问过一群幼儿园小朋

友这个问题，他们给的理由也很简单：

"长大就要很早去学校。"

"要写功课，要考试。"

"长大要减肥，不能吃太多糖果。"

……

总而言之，长大就不能随心所欲、只顾自己喜好了；长大要承担责任、遵从礼教，也意味着你逐渐不再有闯祸的资格，不能再忽略别人的感受。

长大还有一个令人感到恐惧的可能，就是自己也许会成为像库克船长（小飞侠彼得·潘的死对头）那样邪恶又懦弱、可恶又无能的大人；如果不小心犯错，可能会被鳄鱼咬断手臂（库克船长的手被鳄鱼吞掉，他的"义肢"是一根邪恶无比的银色铁钩），一辈子都在害怕鳄鱼的阴影下生活。

长大也代表着一种失去，你会逐渐丧失体力、身材和美貌（如果你觉得自己有这些东西的话），甚至失去热烈地迷恋你的人……

是的，只是想象一下，"长大"这件事都令人感到浑身颤抖。正是在这样的心理状态下，现代"抗衰老"诊所才会如此受欢迎，那满街的招牌或许都是我们内心"永恒小孩"的社会象征。

梅君对"抗衰老"的兴趣是众所周知的，年过四十五的她仍保养得宜，脸上的皮肤不管风怎么吹都不起一丝褶皱；但她老公就稍显辛苦，每天上班累得半死，还要被梅君逼着去健身房。

"老天让你长得这么帅，你怎么能老呢？"这是梅君最常对先生说的口头禅。最后，先生终于不堪庞大的生活压力而病倒了。在先生的病榻前，梅君说："你赶快起来啊！你不要丢下我一个人嘛！我不要出去工作！你赶快起来嘛……"

梅君这么一呼唤，先生干脆真的撒手人寰了。旁边哭得更伤心的还有他们的女儿："妈，我们以后怎么办呐！我大学都还没毕业，你赶快想想办法啦！"

失去了一家之主，老公主和小公主得靠自己谋生了，但是她们心头"永恒小孩"当道，谁也不愿担负起养家的责任。

难道"永恒小孩"的下场总是如此凄惨吗？倒也不是。

"永恒小孩"其实也有光明存在：他为生命增添了活力与乐趣，平衡了成人生活的枯燥与严肃。

然而，一切都是比例问题。如果一个人一年 365 天都被"永恒小孩"给主导，你能想象那会是什么样的人生吗？

面对"内在小孩"的人格原型阴影，可以怎么做？

内在小孩的心里话：

创伤小孩："为什么这些事会发生在我身上？"

孤单小孩："为什么我和大家都格格不入？"

贫穷小孩："为什么我没办法得到我想要的东西？"

神奇小孩："为什么人要这么努力？"

永恒小孩："为什么人要长大？"

请思考上述内在小孩的特征，以一到五的顺序，按出现频率的高低排出你的五个内在小孩，指出最常出现在你生活中的内在小孩是哪一个。

请写下这些内在小孩出现在你生活中对你生活所造成的影响。并且通过一些曾经发生的情境，来思考你的内在小孩出现时，通常是为了什么。

想一想，当内在小孩出现时，你可以做些什么来照顾他？

行动潜在原型

　　如果我们把人生视为一场旅行，一场由一连串行动组合而成的实践之旅，那么，我们可以从这一连串行动中，找到一个重复出现的模式。这就是接下来要讨论的，与我们实践人生的行动力相关的十二个潜在原型：重建者、复仇者、解放者、反抗者、疗愈者、救世主、驱魔者、仆人、战士、运动家、变形者、寻道者。

　　然而，所谓的"行动力"其实暗藏着一种我们无从控制的自动化行为，这也是阴影的第三种表现方式，和我们"内在小孩"的原型紧密关联。由于"小孩"原型时常涵盖我们童年时期未被满足的愿望，因此，当我们在为某事努力奋斗的同时，可能也在通过行动满足自己心里面的那个孩子的诉求和愿望。

　　在产生某些行为时，我们不妨问问自己：如此生活的我，内心住着一个什么样的小孩?

重建者原型（Rebuilder）

——我的想法比你们优秀！

光明面：能够大刀阔斧地重新建构新事物。

阴影面：通过重建行动来消耗潜藏的破坏性。

"重建者"原型，具有一种破坏后再重新建构事物的冲动，所以这类人常展现出一种急欲大刀阔斧、改变现有体制的行为模式，并通过这种体制重建的行动，来消耗自己的破坏性能量。

这种行动特质的人常常散发出一种坚决的魄力，甚至带有一点儿强势和不容拒绝；然而也容易陷入死胡同，认为自己的观点优于现有体制，而产生傲慢的心态，使这样的行为模式过于僵化。

倚若"重建者"的行动特质失去弹性，以致无法与其他原型特质相互调和，可能就会产生破坏性力量，让人变得好像看什么都不顺眼，甚至出现摧毁别人梦想和未来发展的冲动行为——其背后的原因，可能就是一种对与自己相异体制的否定感。

家俊刚当上主管那年，就展现出"重建者"原型的行动特质。他奉命接管公司内部一个业绩不太好的部门，经过仔细检查，他找出了部门里面的问题所在。接手后，凡是员工的上班时间、主管会议时间、会议报告格式等，统统都被家俊修正成新的规定。有些在公司已经服务二十多年的老员工，受不了这样的改变想辞职，家俊二话不说就批准，只留下一批愿意接受全新指令的旧员工，还有刚加入公司的新血液。果然在极短的时间内，部门的业绩就有了起色。

"把这改掉不就好了？"这是家俊挂在嘴边的口头禅，不负众望，他也做出成绩来了。所以当公司又交给家俊一个新任务时，有了上次的成功经验，他自然是意气风发，想要在新单位里形成一种强而有力的新风貌。无意中，家俊发现，公司一直以来合作的几家下游厂商的报价并不是相关厂商中最低的，于是他打电话要求对方降价，却被厂商们以坚持质量为理由拒绝了。挂掉电话后的家俊心情相当烦闷，在他的人生经历中，从没在改变的路上遭遇如此难以突破的僵局。于是他马上下指令，要把原来合作的几家老厂商换掉！

风声一出，好几位基层主管率先跳出来反对，大家都劝家俊：

请三思啊！要先注意产品质量和厂商信用。

家俊立刻驳斥了其他人的意见："就是因为你们这样，公司才始终无法突破！"

"突破虽然很重要，但在不景气的时候，不是要先思考怎么维持吗？"站在反对立场的 A 小姐，说出了大部分员工的心声，但没过多久，A 小姐就被调离了家俊的部门。从此之后，再也没什么人敢向家俊提意见了；家俊顺利地将旧厂商一个个换掉，也悄悄地排除异己，将持不同想法的人都遣送离开了。

家俊的部门里再也没有反对他的声音了，然而，与其说家俊获得了大家的支持，不如说是员工们都害怕他。后来，某个和家俊新合作的厂商因为经营不善倒闭，家俊临时无法添购零件，转向以往的旧厂商寻求帮忙，却被回绝了，公司里其他员工也没有任何人愿意帮家俊的忙。由家俊主导的一个项目因此跳票①，家俊引咎辞职。老板没有挽留他，员工也没有欢送他。

家俊带着恨意，一个人默默离开了公司。他始终没有发现，之所以会落得这样的下场，问题当然不是出在他大刀阔斧的魄力上，而是因为他在反复重建的快感中，衍生出来一种傲慢的姿态。

在"重建者"原型的行动特质中，我们需要学习的就是聆听他人，并懂得驾驭自己的傲慢。

---

① 跳票：金融术语，指因支票账户内没有钱，银行无法兑现，遂把此空头支票寄还给支票持有人的行为，可以泛指存在于各行各业中的一种欺诈现象。

面对"重建者"的人格原型阴影，可以怎么做？

想一想：每当你想要打破陈规、建立新规则时，会因为这个过程感到开心充实吗？你的重建行为是否为你带来正向的结果？

如果这些行动多为你带来不开心的、负面的感受，你觉得问题可能会在哪里？有哪些别人的声音是你没有注意到的？

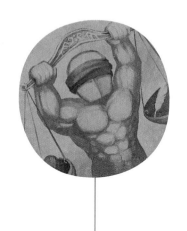

复仇者原型（Avenger）

——把公平正义还给我！

光明面：能够衡量正义公平，从事锄强扶弱的工作。

阴影面：陷入自以为是的公义，放弃道德，行为偏激。

"复仇者"原型，是一种反对不公、不义的行动特质，我们渴望锄强扶弱，通过某些举动在自己内心的正义天平上取得平衡。所以这种特质让我们看待事物时，会用一种夹带着是非对错的眼光，去估算自己与他人、他人与他人之间的平衡。

当"复仇者"原型特质在我们身上产生作用时，我们往往会因为某些（对自己来说）正当的理由而采取行动，但由于内心对不公平的愤恨，可能会使我们在行为上显得较为激进，甚至会为了正义的理想而放弃某些道德原则。比如说，使用暴力来对恶人进行惩罚。因此，倘若我们陷入这样的行为模式当中，便可能进一步展现出偏激或令人害怕的性格。

我们来看一下在一个团体中出现的例子。

一群小学生的家长在网络社群里讨论学校即将举办的大型活动，大家在商量家长要如何分配任务。有人提出一个意见，为了公平起见，干脆大家送小孩时顺便提早到学校帮忙。大部分家长都表示赞同。

家长 A 突然回应："我那天早上要上班，没办法那么早到。"

只见几位家长纷纷静默下来，原本热烈讨论的群组就这样沉默了。

几个小时后，家长 B 回应了："六点半就上班也太早了吧？我觉得那天早上应该很多人都要上班，大家都是为了孩子才提早一小时到学校，据我所知，甚至还有家长为了这件事请假。一年也才这一次，应该没有这么难吧？"

这句话说完后，群组变得更安静了。

又过了几个小时，家长 A 又回应了："我家有一个才刚出生的小孩，那么早起来，我根本不知道要把他放到哪里。每个人家里的状况根本就不一样，说话这样不客气是什么意思？难怪现在的小孩说话都这么没礼貌，原来都是学大人的。"

这一次，没过几个小时，家长 C 就回应了："其实我一直很欣赏愿意说出真心话的人，大家都辛苦了。有什么困难提出来，大家都会互相帮忙的。"

也不知道家长 A 有没有看到这段话，家长 B 很快回应："我是觉得，是非大家都看在眼里，有时候恼羞成怒，对孩子是很不好的示范。"

类似的例子也发生在街头上。小黄骑着摩托车载女朋友去花市买东西，假日的马路边停满了车辆，小黄找车位找了好久，终于瞄到一个空着的停车位。由于前面一辆汽车挡着，小黄骑车稍微靠边，让女友先下车到车位旁，打算等会儿就骑进那个停车位去。

汽车好不容易开走，当小黄要骑进车位时，一辆红色摩托车抢先一步进去了，小黄的女友吓了一跳，整个人弹跳到人行道上。小黄心里顿时一股怒气上来，把车子挡在红色摩托车车尾，大声地对摩托车车主说："先生，这个位置是我要停的！"

骑士连正眼都没看小黄，径自拿下安全帽说："车位是要给车停的，又不是给人占的。"

小黄越听越气，忍不住站在路边和对方理论了起来，但对方始终不肯让出车位。小黄于是叫女友上车，并撂下一句话："算了，狗听不懂人话。"

这句话果然让对方气得大叫："我猴子才不跟狗斗嘞！"

小黄回嘴说："好好的人不当，干吗一定要当动物？"说完，他就骑着摩托车走了。

在上述两个例子中，除了跑出来打圆场的家长 C 是之后会提到的"疗愈者"原型，其余皆是"复仇者"原型的行为展现。这种行为发生之前，通常我们心里先感受到一种对方违反公平正义所以想要"教训对方"的感觉，因此我们无法自控地做出某些在情绪冷静时不一定会做出的举动。我们通过这种"复仇者"式的行动，来降低内在失衡的焦虑感。

值得我们思考的是，为何自己这么容易就被这种情境给惹毛呢？当我们愿意深入那个情境，去体会那种想要复仇的焦虑时可能会发现，这种行为模式也许是我们从原生家庭、从父母身上学来的。或者这里面还藏着对世界、对社会环境的某些怨怼。更或许还藏有我们自己始终没有被合理对待的命运。

不管你是哪一种，都先别觉得懊恼。只要我们愿意去探索自己内心的"复仇者"原型背后所夹带着的感受和价值观，就不怕因为太过关注"复仇"本身的行为，而没能从自己的生活中找到能够更加了解自己的线索。

面对"复仇者"的人格原型阴影，可以怎么做？

当你的生活中出现"复仇者"的行为模式时，把这件事情的始末记录下来。写完后，请从头阅读一遍事情的经过，你有没有发现在这件事情的整个过程中，你被惹毛的点是什么？

如果你是非常容易显现"复仇者"形象的人，请用上述方法多记录几次，并找出这些事件的共通点（比如说，我会被惹毛多是因为我觉得"别人误会我""别人不尊重我"）。想一想，这个议题是你自己在意的，还是小时候在原生家庭中常常听到父母在意的？

当下次再出现类似的事情时，请觉察你的"复仇者"原型是否准备出现，此时请问问自己：对方真的有我所想的意思吗？即便对方真的很可恶，但也问一问自己：我真的想通过"复仇者"的举动来跟他建立纠葛的关系吗？

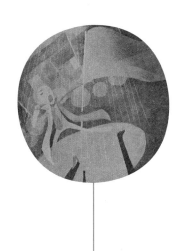

解放者原型（Liberator）

——我和你们不一样！

光明面：能够不被传统价值观捆绑，不从众。

阴影面：缺乏逻辑思维时，显得蛮横霸道。

"解放者"原型，是一种反对传统、拒绝过时观念的行动特质。提倡人们应该从老旧的看法中解放出来，不被传统价值观捆绑，要当一个能跟得上时代潮流的人。因此，"解放者"原型会驱使我们成为一个想要积极创新的人。

"解放者"原型的行动力，若能搭配上清晰的思维逻辑，可能使我们展现出能够带领他人走出心灵禁锢的魅力；但若搭配上带有负面情绪的人格原型阴影，则可能转变成另一种蛮横霸道的模样。

电视剧《人间四月天》讲述了中国知名诗人徐志摩和两任妻子张幼仪、陆小曼的故事。据说，徐志摩虽然听从家里安排娶了妻子张幼仪，但在第一次见到张幼仪的照片时，便以嫌弃的口吻评论她是"乡下土包子"。《人间四月天》里甚至有一个桥段，在刚结婚时徐志摩就立志要成为"中国第一个离婚的男人"。

果然，婚后徐志摩就追求自由，出国留学，妻子则留在老家侍奉公婆，夫妻二人的思想越离越远。张幼仪后来前往英国和徐志摩会面，徐志摩却爱上林徽因，要求张幼仪堕胎及同意离婚。张幼仪离家出走，前往柏林生下第二个儿子，并正式和徐志摩离婚。

在这段故事里面，我们很清楚地从徐志摩身上看见"解放者"原型的特质。他想要当一个新时代的男人，所以总是去接近新思想，接近不同于传统思维的女人。在《小脚与西服》①中，张幼仪用"小脚"和"西服"来象征他们夫妻之间的差异，也让我们深刻感受到，穿着"西服"的徐志摩，是多么想要脱离"小脚"的束缚。

徐志摩对时代的影响力，我们就不多谈了。从另一点来看，像徐诗人这样的"解放者"，固然对与他无缘的前妻张幼仪造成了很多情感上的伤害，却也给她带来许多生活、事业发展上的启发。比如说，因为随着徐志摩到英国，又突然被他无情地甩掉，张幼仪才伤心地到德国接受教育。离婚后，张幼仪经营上海女子商业

---

① 张邦梅（Pang-Mei Natasha Chang），《小脚与西服：张幼仪与徐志摩》（*Bound Feet And Western Dress*）（谭家瑜译，中信出版社，2017年）。原著出版于1997年。

储蓄银行，并且在很短的时间内让该银行转亏为盈，之后又开办云裳服装公司，引进新潮的时装，成为一个开创新时代的女企业家。如果说，张幼仪当年还留在那样的婚姻里，或许这一切都不会发生。

从心理学的观点，我们可以说：张幼仪身上的"解放者"原型，因为遇上这样一个"解放者"原型的丈夫被启动了。

当然，"解放者"原型也有其阴影。如同我们先前提到的，"解放者"原型的背后是一种"心灵被禁锢"的意象，使得我们对外在环境可能产生一种幻想，认为这世上可能存在着一个不同于内在禁锢的理想化生活，只要我们找到它，就能与众不同。这种潜在的无意识，让我们遇到某些可以投射内心理想化的人、事、物时，便不顾一切地朝自己的想象前进，但旁人却可能因为无法跟上我们的行动，而受到某些伤害。

所以，当我们面对内在的"解放者"原型时，得理解"解放"的意义其实是一连串的历程，而不是一蹴而就的目标。一个健康的"解放者"原型，往往是经过深思熟虑才能累积出来的。

面对"解放者"的人格原型阴影，可以怎么做？

　　问一问自己：我觉得被体制环境束缚的地方在哪里？如果可以选择，我想要身处怎样的工作或学习环境？

　　评估一下，自己的工作和学业，是你想要的吗？如果不是，你可以做些什么调整，让自己不会活得太过压抑？

反抗者原型（Rebel）

——我不想遵守规定！

光明面：对合法体制的批判性思考，过度反抗。

阴影面：夹带着个人议题，形成具有"演出"性质的反抗行动。

　　"反抗者"原型的行动力，是通过反抗权威去引发变革来体现的。他们对权威往往有许多批判性的想法和行动，对法治的权力（也就是人在社会上被规定需要遵守的规则）有反抗的欲望。因此，"反抗者"原型可能驱使我们成为一个有清晰立场的人，去反对所谓"合法"权威对人们的束缚，比如老板对员工、父母对孩子的束缚。

然而，"反抗者"却不一定总是有合理的原因去反对权威。有时，我们可能夹带着意气用事，表现出的其实是"为反对而反对"的冲动行为。"人家要我遵守什么，我就偏偏不想那么做"。还有些时候，我们为了引起别人的关注，或者顺应社会流行的趋势，而刻意要"表演"出"反抗者"的特质。

　　总而言之，"反抗者"原型意味着我们内在对"顺从"的反叛，意味着我们内在那股根本不想乖乖顺服的冲动行动化。

　　来看看下面的例子。

　　玫婷从小就是个典型的乖孩子，身为家中的老大、一个妹妹和一个弟弟的姐姐，她十分明白自己要听话顺从，才能树立起自己在家里的地位。

　　"你是姐姐，要让着弟弟妹妹！"

　　"你是怎么看的？怎么让弟弟跌倒了？"

　　"顺便帮弟弟妹妹把便当盒洗一洗。"

　　"爸爸妈妈要出去，弟弟妹妹就交给你了！"

　　爸爸妈妈的每一句交代，对玫婷来说都像圣旨那样重要。她心里明白，家里的老二妹妹出生时，夺去了父母原本对她的一半关爱；家里的老幺弟弟出生后，再把她仅剩的一半关爱又夺走了将近一半……如果不乖乖听话，在父母心里，她还有什么价值呢？

　　然而，玫婷的父母都不知道，她在学校和在家里的模样，简直是天差地别。如果她在家打的是张乖乖牌，那么一到学校，这张牌就翻到叛逆的那边了。这种倾向在玫婷高中时达到高峰。当年，她照父母的期待念了重升学率的私立学校，被同学选为学习委员（管理骨干），但她对学校要学生留校辅导的要求相当不以为然，便动起了小脑筋，运用学习委员可以借用导师的章来帮班级日志盖章这一点，偷偷帮想逃学的同学盖章。

玫婷也非常具有煽动力，她私下带头反对学校禁止学生染发，还和一群同学偷偷地趁三更半夜时在学校大门口喷上抗议的红色油漆。

很不幸，这次冒险的反抗行动被教官抓到了。玫婷的父母收到通知赶来学校，不相信他们心里面乖巧的宝贝女儿，居然敢胆大包天，做出此等叛逆的举动。但玫婷告诉她的父母，如果没有做这些事，她根本就不知道怎么活下去才好。

其实，或许更值得我们（和玫婷的父母）关心的是：在这么多的反抗行动中，玫婷究竟想要"反抗什么"，又究竟想要"反抗谁"。

这是"反抗者"原型在我们身上展现时，最值得问问自己的一句话。因为那些反抗的行为，或许只是为了帮助我们缓解长久以来受到权威压抑的焦虑感。

面对"反抗者"的人格原型阴影，可以怎么做?

想一想，当你想要反抗某些事情时，心里的感受是什么? 这个感受的强度与你所遭遇的情境相符吗? 如果你发现自己反抗的力道已经大于实际环境带给你的压迫，你觉得背后的原因可能是什么?

回顾自己的童年，你会用"乖""顺从"来形容过去的你吗? 有没有哪些你做的事情，其实是为了别人而做的?

如果你觉察到自己身上同时有"反抗"和"顺从"的部分，可否试着从日常生活中去调整这两个元素的比例，让它们往 1:1 的比例靠近?

疗愈者原型（Healer）

——我做的一切都是为你好！

光明面：能够照顾与关怀别人。

阴影面：给予他人所不需要的过度关怀。

"疗愈者"原型，代表一种愿意采取行动来转化他人痛苦的热忱。当看到某些正在受苦的人时，"疗愈者"原型可能驱动我们前去照顾、关怀他们，进一步医治他们身心所遭受的痛苦。

"疗愈者"原型是怎么形成的呢？荣格曾经提出"受伤的疗愈者"（wounded healers）这个名词，意思是：疗愈别人的人往往也是受过伤害的人。尼采有一句名言："那些杀不死我的，将使我变得更强大。"指的就是这个道理。

为什么受伤的人可以形成疗愈的能力呢？他们靠的就是"转化"。举例来说，脸书（Facebook）首席运营官桑德伯格（Sheryl Sandberg）是个杰出的女企业家，她所写的《向前一步》①一书，将她在全球的知名度和声势推向高峰。没想到，正当荣耀集于一身时，桑德伯格的丈夫却意外过世了，这让她的生命经历了巨大的黑暗。她求助于心理学家，通过许多心理实证的方法，来"转化"生命的破碎与痛苦，最后，她和格兰特一起写下了《另一种选择》②一书，诉说她转化痛苦、重新接受生命的历程。

"疗愈者"原型也可能储存着童年的受苦记忆。比如说：因为父母疏于照顾而被父母化的小孩，在小小年纪就被迫去代替父母的功能，照顾家中更年幼的弟妹手足，或者不成熟的父母亲。

所以，"疗愈者"之所以为"疗愈者"，是因为他们曾经体会过伤痛的打击，而能通过具有同情心的行动来陪伴受苦中的人们。

然而，"疗愈者"原型也可能让我们产生一种强迫性的、想要管别人闲事的行为倾向。这往往来自"疗愈者"原型对痛苦记忆的迷恋，会不自觉地想要去"挖掘"别人的痛苦，自以为可以疗愈他人。但某些时候，缺乏关系深浅的衡量，"疗愈者"原型便可能使我们对他人产生某些冒犯的举动，让人误以为我们要去窥探

---

① 谢丽尔·桑德伯格（Sheryl Sandberg），《向前一步》（*Lean In: Women, Work and the Will to Lead*）（颜筝、曹定、王占华译，中信出版社，2013 年）。
② 谢丽尔·桑德伯格、亚当·格兰特（Adam Grant），《另一种选择》（*Option B: Facing Adversity, Building Resilience, and Finding Joy*）（田蓝、乐怡译，中信出版社，2017 年）。

① 谢丽尔·桑德伯格（Sheryl Sandberg），《向前一步》（*Lean In: Women, Work and the Will to Lead*）（颜筝、曹定、王占华译，中信出版社，2013 年）。
② 谢丽尔·桑德伯格、亚当·格兰特（Adam Grant），《另一种选择》（*Option B: Facing Adversity, Building Resilience, and Finding Joy*）（田蓝、乐怡译，中信出版社，2017 年）。

别人的隐私，或者干涉他人的生活。这就是落入"疗愈者"原型的阴影层面时，过度热心的结果。

我们来看看下面的例子。

咏琳是一个"好人"，心地非常善良，对周遭他人都有相当泛滥的同情心，并觉得自己可以帮得了别人。如果她看到什么值得关心，却不能去插手管一下的事情，就会觉得浑身不对劲。

咏琳最近刚到一个新单位工作，这里的同事看起来都非常友善，所以她很快就觉得自己已经融入新环境当中了。她和其中一位同事婉萍特别投缘，婉萍最近快要结婚了，却因为婚前心情太过焦虑，有时在公司会自己躲起来偷偷掉眼泪。

"到底发生什么事了？"只要婉萍不见了，咏琳就会去寻找并安慰她。

"没什么，我一个人静一静就好了……"婉萍只是哭。

"你这样怎么叫人放心得下？"

"真的没关系……"

"我没办法放心你一个人这样。"

"我都说我没事了！"仿佛被人叨扰，婉萍声音逐渐拔高。

咏琳吓了一跳，觉得相当受伤。她没有意识到，自己内在的"疗愈者"原型，已经让她越过界，去管那些别人不想让她管的事情了。即便"疗愈者"的本质是"我想为你好"，但她却忘了去衡量：此时此刻，眼前的人需不需要她这么做。

所以，活在"疗愈者"的原型中，我们总要提醒自己：放下自以为是的"我是为你好"，才能看见他人真正的需要；也别忘了关照自己，才有多余的精力去关照他人。

面对"疗愈者"的人格原型阴影，可以怎么做？

想一想，那些你想要帮助或者无法插手不管的"个人"，身上有什么样的特质打动了你，让你觉得无法弃他于不顾？

想一想，你和这些你想帮助的"个人"的私交关系，已经进展到你适合做出这些行为了吗？你的行动中，有没有什么"交浅言深"的、让他感到不舒服的地方。

救世主原型（Savior）

——你们没有我不行！

光明面：具有帮助别人的使命感，并付诸行动。

阴影面：呈现出僵化的"保护者"姿态，执着于"被人需要"。

"救世主"原型是一种基于要去拯救人们的使命感所激发的行为，在心理学本质上，这类人带有某些神圣的、超越凡人的使命感。因此，"救世主"原型促使我们以一种强于他人的姿态，去实现保护和帮助某个族群（甚至全人类）的理想。也就是这种原型，促成了心理学上所说的"弥赛亚情结"。

"弥赛亚"指的是基督教的救世主，心理学引用这个名词，来形容那种自以为可以将求助者的苦难全都扛在身上的"保护者"心态。这类人甚至在不知不觉中"神化"了这种协助他人的举动，内心会用"拯救"这个概念来定义自己的行动。潜在目的其实是通过这些行为来强化"被人需要的感觉"，以增加内在的成就感和自信心。当然，"被人需要"的执着也就变成"救世主"的阴影面了。

在台湾地区民间信仰中，许多庙宇就供奉着当年传说故事中的原型人物。高雄市路竹区有个"宁靖王庙"，主要祭祀的是明朝皇室后裔宁靖王朱术桂。据说，当年澎湖被攻占，朱术桂为展现对国家的忠诚，先将田地分赏给佃农，房舍捐为佛寺，然后决心自杀。宁靖王死后，地方上出现许多神迹式的传说，朱术桂也被感念他的地方居民供奉为"宁靖王神"。

妈祖林默娘的故事是另一个耳熟能详的民间传说。据说，妈祖林默娘十六岁时就能驱邪救难；十八岁时其父困在狂风暴雨中，也是她悄悄施法才使海面得以风平浪静，解救父亲的安危。

所有被赋予"救世主"期待的角色，似乎都要带着这种不可思议的神迹降世。因此"救世主"原型的阴影，让我们坠入一种自以为是的使命感之中。换句话说，别人可能并不需要我们这么做，但因为我们自己渴望享受那种济世救人的感觉，便无意识地反复出现这种举动，并且告诉自己其实这是别人的需要。

来看看下面的例子。

秋霞是一位家庭主妇，她年轻早婚，也早早就生下了一儿一女。在如花一般的年纪，她把别人投注在工作上的心力都给了婚姻、给了家庭、给了小孩，面对其他现在已经事业有成的同学（尤其是女同学），她心里总有种复杂的失落感。

还好，现在的小孩上学念书后，学校的教学形式特别多。秋霞的儿子和女儿念的是评价极高的私立学校，自然一点儿也不能马虎。从上幼儿园开始，秋霞就特别积极参与学校活动、拉拢家长社群，果然皇天不负苦心人，大儿子上学的第一个学期，她就被选为家长代表。

慢慢地，原本缺乏事业重心的秋霞，发现了当家长代表的"与众不同"：她可以在上课时间任意穿梭校园，有时还能插手一些学校的大小事，造福自己的孩子和某些"自己人"；有些时候，靠着代代相传的经验在网络群组里发个信息，就能获得如同"拜妈祖"般源源不断的感谢声。在不知不觉中，秋霞花在当家长代表上的时间越来越多，她牺牲了许多睡眠和休息时间，但也换来了她最需要的——别人对她的依赖。

于是，秉持着一种"舍我其谁""我不入地狱，谁入地狱"的姿态，秋霞这个家长代表，就这样一年一年地当下去了。只是，每当她抱怨自己当个家长代表忙到睡眠不足时，旁人始终搞不清楚：这些话背后究竟是高兴还是难过？

在"救世主"原型中，最怕的就是"没有我不行"的执着，这种执着常常是用来掩饰我们内在对自己有一天可能会变得毫无价值的害怕。"救世主"原型看似在努力为自己的人生创造价值，但

也是把自我价值的来源寄托在别人身上，而忽略了从自己的内在
去看见自我的美好。

面对"救世主"的人格原型阴影，可以怎么做？

想一想，对于"社会人群"，你的自我使命感是什么？

再想一想，能够做"对社会有意义的事"，对你而言重要吗？
背后的意义是什么？

最后想一想，如果你是个很有使命感的人，这种使命感可能是
从哪里来的？

驱魔者原型（Exorcist）

——让我赶走你心中的恶魔！

光明面：能把自己或他人从毁灭性的力量中解放出来。

阴影面：通过责备、怪罪、否定他人，来逃避面对自己的心魔。

有一句话说："每个人心里都住着一个魔鬼。"

所谓"魔鬼"，指的是我们内心那种具有破坏性、毁灭性的冲动；而"驱魔者"这个原型，便驱使我们通过某些行动，去把自己或他人从毁灭性的力量当中解放出来。

要驱逐别人内心的魔鬼，我们会做什么呢？最常见也最本能的，是通过夹带着"责备"的举动，或者通过"感化"或"呵斥"

式的行为，来促使别人做出改变，远离那些破坏性的人、事、物。然而，"驱魔者"的心理本质常常驱使我们相信别人心里住着个魔鬼。这不但是一种对他人的否定，也是一种"你心里有魔鬼，而我能帮你"的上对下的认知。

所以"驱魔者"原型的阴影，可能令我们与他人处在一种不平衡的关系中。这背后意味着我们不敢去面对自己心底的魔鬼，所以不知不觉地把这种心魔形象投射到别人身上。

我在做家庭治疗时，就常常遇到"驱魔者"型的父母。

某天，一对父母带着他们的儿子来到咨询室，告诉我这个孩子有"多动症"，无时无刻不在扭来扭去，多动到上课无法专心，他们担心孩子之后会有暴力倾向。

有趣的是，这对父母在向我诉说他们儿子"多动"的那半小时中，孩子乖乖地坐在椅子上画画。我看着安静的孩子，心里想：何以在父母眼里连一分钟都坐不住的孩子，到咨询室却变得这么安静斯文？

我拿了一张纸给孩子，又给他一盒色笔，请他帮我写上他自己的名字，向我介绍他自己。孩子从整盒彩色笔中挑了一支黄色荧光笔，准备在 A4 白纸上写上自己的名字，才刚动笔，就被爸爸开口制止："你挑这个颜色写，老师怎么看得懂？"孩子瞬间把黄色荧光笔丢到地上，又快又狠地抓起了黑色笔来写。

"你不好好写字，老师怎么看得懂？"爸爸又忙着说。

我忽然懂得，为何这个孩子对父母而言会是个多动的小孩，因为在他父母的眼里，孩子身上住了一只名叫"多动"的恶魔。所以这对父母千方百计想要帮他"驱魔"；所以他们回应孩子的话，多是受到"驱魔者"原型的推动。最后，这个原本不觉得自己身上住着恶魔的孩子，仿佛慢慢相信，真的有只恶魔来缠住自己了，并且逐渐表现得仿佛自己身上真有只恶魔一样。

你要说这是一种"吸引力法则"也行。用心理学的语言来说，我会说这是一种"自我预言"：你心底"预期"会发生什么，就会不知不觉地"制造"让它发生的情境。

后来我才知道，这个爸爸的父亲，职业是老师，还是学校的教导主任，过去也是用这种"驱魔者"的行为模式对待自己的儿子。过去那个年代，当学校老师的孩子压力何其大？学校里面有多少双眼睛在帮父母盯着自己？更何况是教导主任的小孩，所有行为都被放大来看。这个爸爸个性直率，但生长在这样的环境中，却被教育得很压抑，害怕自己犯了什么错，会丢了他父亲的脸。

我想，这个爸爸会一直想替他的孩子驱赶那只名叫"多动"的恶魔，是因为他很担心这只魔鬼也藏在自己心底。

一个健康的"驱魔者"原型，是会在感知到魔鬼的存在时先去"认识"它，了解魔鬼为何驻足在别人和自己内心。许多藏在内心的"魔鬼"经过理解之后，或许便可能展现出我们无法预期的人性化的一面。

想一想，你常常在别人身上看到什么样的"魔鬼"？如果它有名有姓，你觉得它会是什么样子？

再想一想，如果你心里也有只魔鬼，它又会是什么样子？

你心里的和你在别人身上看到的魔鬼，有什么相似或相异的地方？

仆人原型（Servant）

——我是为了你们而活！

光明面：心甘情愿为他人提供服务。

阴影面：无法坚定地为自己做选择，而是被迫替人服务。

当"仆人"原型在内心启动时，我们通常会产生用较为低下的姿态去为他人服务的行为模式。这种因内心的低姿态而展现出来的行动，与现实生活中的工作职位并无关联；就好像我们心里有一种冲动，需要造福某些人才能好好生活，所以会表现出一种近似于讨好的行为。

因此，"仆人"原型的阴影层面是一种好像被迫服务他人的无奈，仿佛有一张签给别人的服务契约，我们怎么都无法赎回自由。然而，这背后可能藏着自我价值的迷失：我们没办法发自内心地肯定自己，不相信自己做选择、做决定的能力，甚至还可能怀疑自己各方面的能力，所以才把自我的能力和意志力，交托给自己想象出来的外在权威形象。换句话说，"仆人"原型的背后，我们可能想象着自己只是别人的附属品。

看看接下来这个例子。

秀娟在公司里是个小组长，管的人虽然不多，但打扫卫生这种事肯定不是她的职责。只是，每当环境需要清洁时，秀娟就仿佛有种干吗请清洁人员帮忙的心理障碍，宁可放下手边的工作先去把地扫干净，还常常为此耽搁了手边正在进行的工作，连她自己都感到有些懊恼。

对待家人也是，秀娟不知不觉地将丈夫和孩子照顾得无微不至：每天都亲自做早餐，餐后水果都要削皮去籽，服务得好不周到；下班回家她也不忘先弄好晚餐、洗好家人的脏衣服，有时忙到连坐下来好好吃饭的时间也没有。有人问她："你上班也挺忙的，何必一定要天天这么做呢？"她说："都已经做习惯了。"

所以大部分人都觉得秀娟是个好人。由于人太好了，也有人开始背后嘲讽她做得太多，把老公小孩变得无能。

秀娟表现得像个"仆人"，这和她现实中身为"基层主管""母亲"和"妻子"的角色显然并不相称，如果是法家的韩非子[①]，大概会说秀娟的行为"逾越了自己的本分"。但她为什么要这么做呢？

秀娟说，这点她是跟她母亲学来的。秀娟的母亲身为一个家庭主妇，把丈夫小孩放在自己的世界最核心的位置，"为了他们而活"——她没有自己的娱乐和社交圈子，仿佛"家人"就是她活在世上的唯一意义，仿佛只有时时刻刻为家人服务，她才能感受到生存在世的价值。

秀娟不知不觉地"复制"了这种行为模式，以及模式背后"把自己的需求摆到后面去"的生活态度。我们可以合理推断，因为秀娟的母亲活得并不快乐，秀娟才会用同样的行为模式来记录自己的童年。为什么这么说呢？如果秀娟的母亲真是个以"为他人而活"为乐的女人，那么她的"服务"里面，也必然能传递无尽的爱与欢乐，她的孩子也势必是个能够看见自己需求的人，而不是一个连合理地请人帮忙都难以开口的人。

甚至可以说，秀娟可能是将"仆人"的原型特质保留在自己身上，来记录（记忆）母亲在原生家庭中的不快乐，内心其实渴望有一天能超越这样的行为模式，找到"为人服务"的意义。

当秀娟找到那颗为他人服务的真心时，她才能放下那种令自己感到卑微的"讨好"举动，决定哪些是自己真正想为别人付出之处。

[①] 中国古代著名思想家，生活于战国末期。

面对"仆人"的人格原型阴影，可以怎么做？

想一想，你的"仆人"式的行动，是一种服务的心情，还是一种讨好的态度？

如果是后者，你能否思考一下这种讨好式的行为是从何而来的？倘若不再采用"讨好"的态度，你的生活会有什么改变？

如果"服务"或"讨好"对你很重要，你可否学着每天做一件服务自己的事情？

战士原型（Warrior）

——什么困难的事情
　　都难不倒我！

光明面：遇到困难不退缩，能为自己与他人争取权利。

阴影面：因为对"战胜"的执着，而使用蛮力或牺牲道义。

　　战士原型，代表的是愿意与困难奋战、愿意为自己争取权利的行为模式：当受人侵犯时，战士会启动防御机制；当锁定目标时，战士也会主动出击。这样的原型特质在我们身上产生作用时，我们往往会勇敢地接受挑战性较大的事物，并且去享受那个解决难题的过程。

　　然而，身为一名战士，我们可能会因为想要获得胜利而产生执着。特别在年轻时，一个刚萌芽的战士原型可能会令我们拿捏不了分寸，变得逞凶斗狠。倘若这种"战士"原型的阴影层面继续发展下去，可能还会让我们变得"野蛮"，想要以自己的蛮力来制服他人，或者为了得到胜利而牺牲某些道德原则，甚至失去对人的恻隐之心。

来看看下面两个例子。

勇达是个做事非常积极的人，他是表演系出身，也是某乐团的首席人物。每当指导老师问乐团成员"现在有个××活动，大家要不要接啊"时，勇达永远都是最快举手表示同意的那位，并且眉飞色舞地带动团队的士气，仿佛大家都准备好了，要披上战袍到外头去扫荡敌人。当然，指导老师十分欣赏他。

只是有几次，当勇达同时间内为大家接了好多场演出时，乐团里开始出现了某些杂音，反对这么频繁地在外演出。勇达忍不住回嘴说："怕什么？你们怎么变得这么胆小？"

勇达没有发现，不是别人变得胆小，而是他已经太沉迷于高难度挑战的好胜心当中了，使他听不到战友们的心声。

上班族文佑也有类似的行为倾向，他是一家公司的业务员，需要到外头和厂商接洽广告业务。这家公司的业务员是领个人奖金的，每达成一笔业务，还有团队奖金，所以，文佑的业绩其实也牵动着其他人的经济生计。于是文佑就像一个保家卫国的战士，到外地去开疆拓土，为同伴们争取更好的环境和资源。

没想到，自从文佑升职后，团队的离职率就开始变高。一问原因，才发现大家觉得文佑太过积极了，增添了许多他们无法负荷的工作量。

"那你们要说啊！"文佑抗议。

其实同事们的真心话是：说了，文佑不但听不进去，还可能反过来责备他们。

"我哪有？"文佑又抗议。

有啊！就是这种强势的态度，让人不容拒绝。

"我是为大家好。"文佑说。

为大家好的事情，不是要大家都觉得好才行吗？

一个成熟的"战士"原型会让行动者本身的行为得到认同，如此得来的胜利与成功也才会受人祝福。毕竟成熟的"战士"是相信"以德服人"更甚于"以力服人"。

面对"战士"的人格原型阴影，可以怎么做？

思考一下，你的"战士"原型如何在团体生活中运作的？假设你身边有一个像你这样的人，你会如何看待他？你希望他的行为有什么样的调整？

问一问自己，想要的东西会不会太多？有没有那种"想要赶快赢得全世界"的心情？如果有的话，再问一问自己：为何我会这么着急？

运动家原型（Athlete）

——再努力一点儿，
　　荣耀就在那里！

光明面：超越身体和心灵上的限制，释放内在精神能量。

阴影面：为了保全超越自我的荣誉感，而使用自我欺瞒的诈术。

　　所谓的"运动家"，就是那些在运动场上突破体能极限的人；而"运动家"原型会引导我们内在因急欲超越自我限制（包括身体上的缺陷，以及其他体能甚至心灵上的限制）而做出一系列改变，借此释放我们内在的精神力量。

　　"运动家"一向讲求运动精神，所以当"运动家"原型被启动时，我们内在也可能产生强烈的道德观念，将"荣誉感"视为行为上相当重要的指标，对不符合操守的举动感到鄙视，也无法容忍自己用不正当的手段来争取胜利。

然而，当"荣誉感"变成一种执着时，我们也可能为了保全自我的荣誉而使用诈术，此时便可能落入"运动家"原型的阴影面，对所获得的荣誉有不踏实的感觉，使心灵承担极大的压力。

从心理学上来说，"运动家"原型会促使我们产生一些积极的行动，来超越心里的自卑感，也会让我们衡量自己的付出是否配得上实际获得的荣耀。

在个体心理学大师阿德勒（Alfred Adler）身上，我们也可以看到"运动家"原型的特质。阿德勒从小体弱多病，是个佝偻症患者，严重的驼背让他行动不便，无法像其他小朋友一样跑跳自如，他觉得自己比不上哥哥和邻居朋友，心理上相当自卑。在阿德勒的早年经验中，有几次濒临死亡的经验，他除了经历弟弟过世，五岁那年还发烧得了肺炎，等他痊愈后，就决定将来要当一名医生。阿德勒曾经说，童年时那个虚弱的自己让他感到愤怒，才在他心中点燃向上的力量，要去超越自己天生的不足。

阿德勒写的《自卑与超越》①这本书，是心理学领域中的经典著作。因为受阿德勒具有突破性的论点的影响，日本哲学家岸见一郎、古贺史健写出了影响华人圈甚广的书籍《被讨厌的勇气》②。

---

① 阿尔弗雷德·阿德勒（Alfred Adler），《自卑与超越》（*What Life Should Mean To You*）（黄光国译，台北：志文，1993 年）。原著出版于 1931 年。
② 岸见一郎、古贺史健，《被讨厌的勇气："自我启发之父"阿德勒的哲学课》（梁海霞译，机械工业出版社，2020 年）。原著出版于 2013 年。

"运动家"原型的阴影有两个层次。一是因为太想要超越自我，而忽略了自己的体能或心智其实已经不堪负荷。这种现象常常出现在许多男性朋友身上。有些男人即使感到身体有点儿不舒服，但因为担忧去做检查后会发现什么毛病而无法继续工作，宁可靠意志力撑下去，所以当身体再出现警报时，可能已经是难以挽救的过劳状态。女性朋友身上也会有这样的"运动家"人格原型阴影，并且时常发生在不愉快的婚姻中，明明婚姻已经不幸福，她们却相信自己只要再撑到小孩长大，或许情况就会有所改变。

"运动家"人格原型阴影的另一个层次，则是对人生的污点难以忍受、觉得羞愧，所以他们会用某些行动来掩盖不光彩的感受和记忆。我们来看看下面的例子。

明仕是个有性功能障碍的男人，非常困惑自己明明对老婆有爱，却总是无法顺利和她行房，所以他总是会做许多补偿老婆的行为，比如送玫瑰花、亲自下厨等，但明仕始终觉得，老婆对这样的他是不满意的。

明仕回忆自己发生性功能障碍的过程，发现青春时期的恋爱明明都好得很，完全没有这方面的困扰，直到明仕与一位原则性强的女朋友交往，需要遵守"不能发生婚前性行为"的守则。刚交往时，明仕对自己非常有信心，他告诉女友，绝对不会在婚前做出侵犯她的事情；确实，明仕也非常谨守和女友之间的最后那一把尺，不论两人的感情多么亲密，他总是严格地把持自己。然而，某一年明仕过生日时，女友帮他庆祝生日，两个人在宿舍里酒喝多了，终于不小心跨越了那条禁忌的界限。酒醒后，女友伤心欲绝。虽然没有人怪罪他们，但两人心中都怀着高度的愧疚感，怨恨没能管好自己。最后，原本相爱的两人走向了分手。"性"冲动感染上了自责与悔恨，也在日后转变成明仕身体（性功能）上的阻碍。

换句话说，当明仕和现任老婆结婚后，他不知不觉地启动了"运动家"原型，去抑制自己性方面的身体冲动（是的，这也在突破自我的极限），以守护曾经失去的荣誉心。

这就是"大脑"和"心"无法相连在一起的结果。明明大脑里想着的是现今的这段关系，心灵却还是没能把过去的阴影给清理出去。在"运动家"原型的行动中，我们总要问自己为了什么而坚持努力。

面对"运动家"的人格原型阴影，可以怎么做？

制订自己的"运动家"原型支持方案。比如说：

在肚子饿时，可以觉察到自己的饥饿，并且进食。

在身体疲累时，愿意给自己一些睡眠或休息时间。

保持运动和良好饮食的习惯。

找出一个状况不好时可以照顾好自己的方法（例如按摩）。

变形者原型（Shape-Shifter）

——我要让你们每个人
　都喜欢我!

光明面：激发有弹性的生命模式,能随着情境采取与之相称的行动。

阴影面：缺乏对自我价值的信任而过分改变,导致脱离自己原本的
模样。

"变形者"原型,就像一个机动、有弹性的生命模式,能够随
着不同环境、情境的需要,引导我们采取与之相称的行动。当然,
这样的行为模式,能令我们展现出为人处世较为周到的那一面,也
代表我们有能力去看到人、事、物的本质和需要,因为看懂了才

能去调整自己，为我们的工作和生活带来某种程度的好处。

然而，"变形者"原型所促发的行为，也可能让我们感到辛苦。比如说，为了利益、为了生存，或是某些其他的理由，我们可能随机应变把自己塑造成"环境所需要的样子"，而不是"真的自己想要呈现"的模样。此时的"变形者"原型就会转向阴影那一面，造成我们心理上的负担与痛苦。

一个常见的例子是进入青春期的中学生，他们在心理发展层面正面临"我是谁"的困惑，以及处于寻求自我认同的阶段，于是常常为了要融入同辈之中，而让自己必须跟得上时下流行的趋势。

女高中生慧玲就有这样的困扰。她是个较内向、不太会与人交朋友的女孩，所以每当有同学愿意主动和她说话时，她就本能地想要与他们更亲近，她总是努力打探他们的喜好，然后变换自己的模样，来测试哪种状态会比较讨人喜欢。对她来说，"变成同学喜欢的样子"可能比"让同学喜欢真正的我"更加容易。

很多人在谈恋爱时也有同样的倾向。比如一心想结婚的芳瑶，当她和 A 男交往时，就表现出 A 男喜欢的贤妻良母样；和 B 男交往时，则变成青春玉女；当 C 男出现时，她又变成他最想驾驭的野蛮型女孩……一轮轮恋爱谈下来，芳瑶几乎都要忘了自己到底是谁了。

当然，职场上也有不少这种人，因为太害怕老板的权威，或者太想要讨老板的欢心，便总是逢迎其喜好，强迫自己去涉猎那些其实没有太大兴趣的事物，或说出那些不像自己嘴巴会说出来的话。回过头来，他们由于太把焦点放在别人身上，工作变成了只是在无止尽地耗费能量的负担，在心理上感到十分疲惫。

所以，一个健康的"变形者"原型，在每一分改变的背后，都会有其原因和为何必须这么做的评估。当清楚自己为何而变时，就像内在有一根稳定的轴心，虽然周围的世界好似在旋转变动，"我"仍是稳稳地在那里，从变动的环境中淬炼出能够真正适应世界的弹性力量。

面对"变形者"的人格原型阴影，可以怎么做？

我们都有权利改变自己的模样，也有权利在不同的人面前表现出不同的面貌。当你发现自己有"变形者"原型的行为表现时，问一问自己：我是不是真的想要这么做？我是以这样的改变为乐，还是每次改变都令我感到疲惫？

你不一定要调整自己的行为，但可以调整自己的心态：我可以做一个百变的、不一样的我，但我没办法控制别人是否喜欢这样的我。

如果调整心态对目前的你而言是困难的，可以先找到一个自己真心喜欢的模样，认真地先朝这个方向去塑造自己。

寻道者原型（Seeker）

——再给我一点儿时间！

光明面：对新事物、新体验感到好奇且付诸行动。

阴影面：追求一时快感而非真实的满足，不断漂泊流浪。

　　"寻道者"的原型，能激发我们探索自己从何而来、未来又要往哪里去的行动力，推动我们四处追求生命的价值和意义所在。

　　当看到一个小孩问他的妈妈："我是怎么来的？"时，就可以看到那个曾经在我们身上一点一滴萌芽的"寻道者"原型的身影。因为周围所有的新事物都让内在的"寻道者"感到惊奇，所以我们不断渴望去寻求新的事物、新的体验，从中慢慢拼凑和了解自己。

然而，不断追寻新事物的后果是什么呢？这就好像我们不断地转系、不断地换工作，甚至不断地更换伴侣……这些行为都反映了"寻道者"原型的阴影层面：无法安定的漂泊感。因为在行动中我们始终找不到一份儿让自己安定的力量，所以"追寻"就逐渐转变成"流浪"，好像我们只是在寻找一种"新的快感"，而不是在寻找那些让自己感到真正满足的事物。

"寻道者"的阴影面让我们非但无法从新的旅程和经历中更了解自己，反而好像离内在的自己越来越远，变成一种孤单的漂泊。我们来看看下面的例子。

当年，王太太答应王先生的求婚时，就是欣赏王先生身上散发出来的追求新事物的热情。王太太在一个传统家庭长大，爸妈从小对她的要求，就是好好念书并安分守己；在一成不变的生活中，王太太总觉得好像少了点儿什么，每天上学、放学，日子就像白开水般索然无味。直到遇见王先生，她才知道原来人可以活得这么精彩：他带她上山下海，去看各种她从未见过的新事物；他带她去蹦极，让她明白人可以这样突破内心的恐惧。

所以当他问她，愿不愿意和他结婚时，她二话不说就答应了。但她的父母却一直反对："他居无定所，工作也不稳定，这样的人不值得你托付终身。"

"他只是还没找到能够实现他理想的方向。"王太太捍卫自己的爱人，不顾父母的反对，和他结婚了。

只是，一直到王太太怀了第一个宝宝，王先生还在不断尝试新事物，还在不停地寻找时，她也开始有点儿紧张了。

"老婆，我想要去试试当临时演员。"王先生说。

"可是，我们都要有小孩了，你原本的工作待遇还不错，真的要这样就放弃吗？"王太太心里浮现了当年父母不断提醒她的"不稳定感"。

"那个工作虽然待遇不错，可是真的很无聊，跟我的个性很不搭。"

"可是，你不能只想到你自己，你都要当爸爸了。"

"要当爸爸了，可我还是我啊！你不就喜欢这样的我吗？"

"可是，我真的已经受够了。"

原本让王太太欣赏的特质，突然让她感到难以忍受。夫妻俩大吵了一架，王先生搬出去追求自己的梦想，王太太留在家里生小孩；王先生埋怨原来多年来老婆没有真正懂自己，王太太感叹自己多年爱着的老公只是一个自私的男人。

"我们早就告诉过你了。"搬回娘家后，她的爸妈这么说。

王太太始终不明白，自己的婚姻究竟出了什么错！

其实，"寻道者"原型之所以让我们成为一个"寻道者"，在于每一次寻道的历程，都让我们更清楚那个"道"是什么。也就是说，一个健康的"寻道者"原型，每隔一段时间，都会回过头来审视自己的目标和自我的内心世界。然后通过所有外在的行动来凝聚内在的信念，使自己成为一个有方向、有目标的人。

只有寻道的"行为"但无法凝聚寻道的"信念"时，我们也可能在"求取新知"和"漂泊"之间怀疑自己，此时，别人质疑的眼光就会扰动我们的内心，我们无法好好地去解释清楚，而只能生气，或逃离那些质疑。

所以，王先生和王太太的问题，不见得是他们不懂得彼此，而是他们还未曾好好地懂得自己。

面对"寻道者"的人格原型阴影，可以怎么做？

思考一下自己过去的"寻道"生活。你的人生是越走越清晰，还是越走越迷惘？

问一问自己：如果这世界上就是不存在一个我想要的完美生活，那么，我可以接受的生活是什么？

我们畏惧自己，因此宁愿去找他人而不是自己。

但外在世界其实充满危险与难以理解的事物。但愿这种恐惧变大，大到让人将眼睛转向内在，以致不再想从他人身上寻找自我，而是从自己当中寻找。

——荣格《红书》

自我觉察活动·书写练习 3

◆◆◆　活动 1：寻找内在小孩——"心理位移"书写法

　　请找个令你感到放松的地方坐下来，闭上眼睛，将注意力放在你的呼吸上，可使用"腹式呼吸法"慢慢地呼吸。吸气时，感觉空气经过你的鼻腔进到你的腹部，腹部因为空气的带入而逐渐向上升起；吐气时，感觉到空气离开你的身体，腹部因为空气的消散而逐渐向下沉……慢慢地吸气，轻轻地吐气，直到感觉自己的身体逐渐平静下来为止。

　　接下来请你回想，这一周以来，在你身边所发生的大大小小事情，有没有令你感到印象深刻，而且一想起来就觉得有点儿情绪激动的？如果有的话，请你回想一下那件事情的始末，当时和谁在一起？发生了什么？对方说了什么？你的反应是什么？最后的结局又是什么？

如果没办法想到这些事的话，请你往更早以前的一周去回想，或者再更早以前，这一个月发生过什么。这三个月发生过什么。这半年发生过什么。请回忆一次令你印象深刻的、让你感觉到情绪（强烈或有点儿）激动的经历，尽可能地回想一遍。

当想好这次经历时，请你睁开眼睛，将这件事情记录下来。

记录的方法是这样的：

首先，请用写日记的方式，以"我"开头，写下"我今天……"或"我那天……"，把你所想到的那件事情描述出来。

当以"我"开头写完这件事情后，请再以"你"开头，重新书写同一件事情。请不用多问"你"指的是谁，只需要以"你今天……"或"你那天……"开头，让记忆自然流动就可以了。请记得，要重新写一次日记，而不是回去照抄前面相同的内容。

最后，当以"你"开头重新写完这件事情后，请再以"他"开头，再次书写相同的一件事情。方法如上，以"他今天……"或"他那天……"开头，不需要问"他"是指谁，只要自然下笔，让记忆流畅地回放下去就可以了。

分别以"我""你""他"写完同一件令你感受到情绪张力的事情后，请你重新把以"我"的立场、"你"的立场，及"他"的立场写的日记内容阅读一遍。看完之后，请写下你觉得自己在这件事情当中，真正在意的部分是什么。请尽量用一句话或一段话来形容你所在意的、令你情绪不舒服的点。

请用你所写下来的、令你情绪不舒服的点，回头去对照五个"小孩原型"的模样，并且辨认出，是哪一个内在"小孩原型"让你在此次事件中感到不舒服。如果你觉得要两个以上的"小孩原型"才能描述你在意的点，也无妨。

当你找出在这次事件中影响你的"小孩原型"后，请进一步想想其他令你情绪不舒服的事件，是否也是这个"小孩原型"造成的。

当你找出自己心里最常见的"小孩原型"后，请把他记下来。修正或画出自己心里的"小孩原型"模样。

这是在为自己的心灵拍照。请记得，之后要关心并好好对待他。

范例请见下页。

"我"

上一周，我们进行了专案提案的票选，我自以为准备得非常充分，比其他组写得都要好，但我的专案却没有被奖赏。二十组之中大家选了八组，明明有些什么都没说清楚、内容异常混乱，都被选上了，所以我实在不明白大家是以什么样的标准来选择的。这实在令我异常气愤，虽然我当然可以把喜欢我专案的人集合起来自己执行这个方案，但我着实咽不下这口气。想着在此之后，每一次会议上他们报告自己的进展，就会提醒我的专案就是输给了这样的垃圾，都会令我屈辱不已。我想赶紧靠自己把这个案子执行出成果来。

"你"

你为什么不愿意支持我呢？我不明白。我尽心尽力做一个为你们出力、可以付出许多的人，但在难得碰上自己看重、需要支持的时候，得到的援手却寥寥无几。那请告诉我，他们的提案比我好在哪里呢？可以告诉我吗？我把我心中的一部分情感、我的想法中最杰出的部分都放在里面了，你为什么不愿意看呢？

请看看我吧。

"他"

他、她、它、TA、TA、TA、TA、TA、TA，另外的人，不属于我的人，我之外的他人，站在我的圈外观看或背过去的人。当我抛出话语，映射在他们心中的景象是什么呢？当我的嘴开合之时，我的脸型与语句在他们眼中与耳中是怎样的呢？我小心翼翼地丈量着距离，隐晦地道出我的心声，他们会接收到吗？我不明白，为何我是一个和别人如此不同的人。

"这件事中我在意的部分"
我厌恶他们。
我想被他们理解。
我厌恶他们。
我需要安慰，我需要一个拥抱、一个眼神、一句话。
我厌恶他们。
……

我发现了我心中的"孤单小孩"。

◆◆◆　活动 2：记录你的"行动之圆"

　　理解每一个原型后，请从头筛选各个原型，然后挑选出你觉得与自己有那么几分相像的原型，把它们记录到"行动之圆"中。

　　如下图，请先画出一个圆，然后标记出你身上带有的原型特质，与你越相似的行动原型，请把它写在越靠近圆心的地方；相似度越低的行动原型，则越往圆的外围写。当你完成后，请在你的"行动之圆"旁边，用几句话或几个词来形容：如果旁边的人看到这样的你，他们会怎么形容你呢？

　　最后，请你再回去看看你的内在小孩，你觉得这样的你，是因为心里缺少了什么？又通过行动在争取些什么呢？

　　范例请见下页。

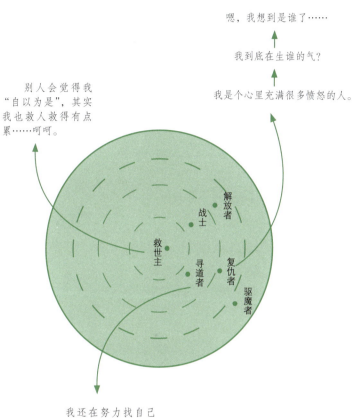

嗯，我想到是谁了……

我到底在生谁的气？

我是个心里充满很多愤怒的人。

别人会觉得我"自以为是"，其实我也救人救得有点累……呵呵。

我还在努力找自己的价值和目标，我想让看不起我的人认同我，我想起妈妈总是认同弟弟比认同我多。

图中标注：解放者　战士　救世主　寻道者　复仇者　驱魔者

第 5 章

那些渴望的背后，
可能藏着不安

—— 恐惧和"欲望"原型

欲望共通原型

小丑原型（Clown）

——我不会让你们看见真正的我！

光明面：适应环境的能力较强，面临各种人生处境都能坚持自己的原则。

阴影面：为了在现实环境中生存，被迫放弃精神完整性。

早年，"小丑"是许多喜剧和马戏团中会出现的角色，他们表演时常常穿着奇装异服，脸上用夸张的颜色进行涂抹，借由自身出糗，以及被欺负、被羞辱来娱乐观众。在许多文化中，"小丑"都不是一种友善的形容，比如说，当我们称一个人为"跳梁小丑"时，往往是嘲笑他爱作秀、缺乏实质内涵的意思。

因此，"小丑"的原型也带有通过"装扮"（伪装）来博人注意，以获取金钱、物质等好处来满足自我欲望的意味；它是我们为了在现实环境中生存，而放弃精神或肉体自主性与完整性的象征。

20 世纪 90 年代之后，马戏团减少，"小丑"这个角色逐渐融入漫画和电影中，变成充满欲望的邪恶角色。比如说，英国漫画家艾伦·摩尔（Alan Moore）的漫画《蝙蝠侠：致命玩笑》里面，就有一个原本是喜剧演员的"小丑"，但他的表演始终无法帮助他赚取太多钱，所以他的太太怀孕后，他便铤而走险，协助黑帮行窃。没想到小丑在执行任务时发生意外毁坏了容貌，同时他得知了太太和未出生的孩子在意外中过世的消息，双重打击下，小丑终于变身为超级大反派。

美国知名小说家史蒂芬·金（Stephen King）的著作 IT（后来翻拍成电影《小丑回魂》）中，也有一位邪恶的恐怖小丑潘尼怀斯。这个来自异质空间的生物，专门以食用人类的"害怕"为生，它会变幻成各种模样，来吸取人们内心的恐惧，玩弄并杀害他们。在电影《小丑回魂》里面，最后赶走潘尼怀斯的是一群内心真诚的孩子，他们依靠"面对内心的恐惧"赶跑了这个异次元空间的大怪物。

所以，"小丑"原型既象征我们内在"欲望"的那一面，也代表着我们所"恐惧"的那一面。"小丑"原型的浮现，往往提醒我们要面对藏在心灵深处的、尚未觉察的自己。

我们再从心理层面来拆解"小丑"原型的特征，以及对生活的影响：

第一，"小丑"往往戴着面具或画着大浓妆。这象征我们在适应社会的过程中，会不知不觉地将自己伪装和保护起来，才敢去面对现实生活、物质压力的考验。

第二，"小丑"的面具下，往往藏着不为人知的情感。可能是伤心、委屈、害怕、无可奈何，也可能是恐怖、充满仇恨……然而当大浓妆或面具在脸上挂久了，有时便很难取下来。

所以，"小丑"这个心理原型，代表每个人内心为了在现实环境中活下去，而必须向物质、权力，以及自己和他人的欲望低头的那一面。"小丑"原型的光明面，是尝试要去适应生活的能力；"小丑"原型的阴影面，则是对失去自我完整性的恐惧。

比如下面几个例子：

展裕非常不喜欢公司的某位主管，可是每当有人提到这位主管时，展裕就会不自觉地夸奖主管，甚至当他遇到这位主管时，还会显得特别热络。展裕对这样的自己感到恶心，实在太虚伪了！

沛恩非常清楚自己未来想要当一个艺术家，但父母希望她进入第一志愿的大学，所以当她选填志愿时，她变得非常犹豫，自己究竟该填上所有报考学校的艺术科系，还是填入第一志愿学校的所有科系？母亲的一句"以后如果你找不到工作，你要自己负责"让沛恩放弃了自己的想法，最后进入一个她丝毫不感兴趣的科系。

"小丑"原型本身具有一种帮助我们适应环境、融入社会的功能,但它的阴影面则使我们放弃内在的某些理想和原则。久而久之,便让我们得过且过,遗忘自己的初衷与目标。

　　当发现自己陷入"小丑"的阴影面时,一种不快乐的、身不由己的感觉会跟着浮现出来,此时,这个原型的存在就有相当重要的意义:通过这种身不由己的感觉,我们才能去觉察自己真正在意的原则是什么,并且去寻找一条能够兼顾内在完整与外在现实的道路。

欲望潜在原型

　　"阴影"的最后一种展现方式，是以对特定主题的欲望和恐惧来影响我们的生活。比如说，"想要讨人喜欢"的欲望背后是"害怕自己不受人喜欢"。换句话说，我们对现实世界或物质环境所展现出的渴求背后，可能隐藏着我们还未觉察的恐惧。

　　接下来，我们便要谈谈延伸自"小丑"意象的十二个潜在原型。原来每个人的内在，都有不同于自己外在所展现出的那一面。这是因为在成长过程中，我们逐渐学会如何将自己对物质、现实、权力上的渴望，转化成另一种更能被社会接纳的模样。

　　也就是说，现今我们所展现出来的样貌，可能只是我们希望社会大众看到的模样，而不见得是我们心底真正的模样；有些方面的我们可能早已经被自己给遗忘了，有些方面可能是我们明明觉察得到却不愿面对的真相。

从下列的十二个原型，我们就可以试着去理解那些藏在我们内心深处、值得我们去觉察与面对的真相。

富翁原型（Rich）

——我不想当个贪婪、
　　小气的人！

光明面：能主动创造事物的价值，感觉身心上的满足。

阴影面：想要的很多，却觉得拥有的很少，因而吝于与他人分享。

"富翁"的光明面是乐善好施，阴影面则是对为富不仁和贪婪小气的恐惧。这个原型的核心议题在于，我们能否在各种情境下，都找到心灵上的"满足感"。

有一个故事是这样的：一位快乐的鞋匠，他的隔壁住了一位不快乐的富人。鞋匠非常贫穷，却每天开心地唱歌；富人非常有钱，却每天焦虑得只会数钱。

富人被鞋匠的歌声吵得心烦意乱，于是拿一大笔钱给鞋匠，请他不要再唱歌了。这下鞋匠也成了一位富人，但他看着那么一大袋金币，突然不知道要把钱放在哪里才安全。有钱的鞋匠只好一直更换放金币的地方，心头却越来越不安，觉得那些平时总爱跑来听他唱歌的小孩可能会偷他的钱。

有钱的鞋匠不再唱歌了，跟隔壁的富人一样，开始焦虑得天天数钱。最后，鞋匠终于受不了这种生活了，一口气把钱全都还给富人，变回了那个贫穷的鞋匠，然而，也是那个每天开心地唱歌的鞋匠。

富人与鞋匠的故事，和"富翁"原型的特质息息相关。从心理层面来看，"富翁"原型象征的不只是物质上的富足，也包括心灵上的富足；"富翁"原型不但让我们拥有点石成金的才华，也能让我们主动去创造周围事物的价值，并且让自己往生命富足的方向发展。在"富翁"这个原型中，我们愿意去感受自己的欲望，并因自己拥有的东西而感到满足；当我们感受到拥有很多东西时，为人处世也会显得宽厚慷慨。

然而，我们也可能不知不觉落入"富翁"原型的阴影：我们可能想要的（欲望）很多，却常常没办法说出自己拥有什么。"想要很多，拥有却很少"的感觉让我们更害怕失去，于是内心浮现出要把仅剩的东西紧紧抓在手里的恐慌感，就如同一个守财奴般，总是想要巩固自己的财产。就像"富人与鞋匠"故事里的富人，即便他拥有再多金币，也填补不了无法享受生活的空虚感。

来看看下面几个例子：

孜莹最近买了两条同款式、不同颜色的围巾，她的室友钰贞看到了，对围巾赞不绝口："哇，真的好美哦！这是在哪里买的？要去哪里才买得到呢？"

钰贞左摸右揉的，一点儿都没有把围巾放下的模样，孜莹感觉到钰贞对围巾的喜爱，于是随口对钰贞说："不然我送你一条好了。"这句话肯定是孜莹的违心之论，她料想应该不会有人真敢无故收这件东西。

没想到，这个钰贞倒是爽快，听孜莹说要将围巾送给她，她便喜出望外地接口说："真的吗？你人真是太好了！那我可以要这个颜色吗？"钰贞一指，就指向孜莹也偏爱的那个颜色。然而事已至此，孜莹有种骑虎难下的感觉，她的内心非常不舍，却还是答应了钰贞的要求。

钰贞开心地拿走了孜莹喜爱的围巾，留下心情懊恼的孜莹。

雨甄是个非常努力上进的人，从高中开始，她就去打工做兼职家教，加上父母给她的一点儿零用钱，让她在同辈中的经济状况显得十分优渥。但是雨甄有个奇怪的毛病，她常常把每个月才刚拿到手的薪水，莫名其妙地花掉了。

比如说，雨甄想要自己当家教时看起来是衣着得体的，就把所赚的钱都拿去买衣服。有趣的是，那些明明在店里穿起来不错的衣服，一被她拿回家后就变得异常逊色，不是比例不对，就是穿起来显胖。所以雨甄的衣橱里挂了许多全新的服饰和配件，而她每次穿去当家教的，还是那几件她自己看来非常寒酸的旧衣服。

各种物质条件相加起来，雨甄明明可以过得生活优渥，但她却过着赤贫的生活。偶尔经过橱窗，看到一双真正喜爱不已的鞋子，她却舍不得买，因为她的钱早花在其他无谓的地方了。渐渐地，雨甄变成一个对自己十分吝啬的有钱人，因为冲动而花掉的钱，使她心里十分空虚，她更买不起真正想买的东西，享受不了她真正想要的东西。

我们之所以无法成为一个内心满足的"富翁"，往往是因为从小就养成了一种习惯：为了想要获得他人奖赏（外在动机）才去做某些事情。于是我们没办法判断哪些是我们真心想做的事，并且在完成那些事情以后，好好犒赏自己。即便在别人看来，我们已经拥有许多了，但我们始终没有给自己相应的奖赏。

一名真正的"富翁"，是能在辛苦工作后，好好为自己准备一份奖赏与酬劳，并且开开心心地享用它。然而，对很多现实中的"富翁"来说，给自己真心想要的东西，还真不是件容易的事。

面对"富翁"的人格原型阴影，可以怎么做？

　　回想你的人生当中，你觉得最舒服、最放松、最被抚慰、最心满意足的那一刻，那时候你做了什么？或者你周围的人为你做了什么？

　　思考一下，现在的生活中，你是否还记得为自己这么做？或者，你能否为自己做一件从前你一直希望别人为你做的事情？

　　找一件你一直很想做的事情去尝试，并且记录下这个历程。

乞丐原型（Beggar）

——我不想当个无能的人！

光明面：克服内在无能为力的那一面，朝独立的自我发展。

阴影面：想要依赖别人，又不自觉地批判别人对待我们的方式。

"乞丐"的光明面是同理与感恩他人的付出，阴影面则是总要依赖别人的无力感。这个原型的核心议题，在于我们能否从依赖别人的"无能感"中挣脱出来，朝内在独立自我发展。

当我们处在人生境遇的低潮时，心中总会浮现一份鼓励自己向上的幻想。马克·吐温（Mark Twain）的《王子与贫儿》就是一个这样的故事：

一个出生在贫穷家庭，穿着破破烂烂、拾人剩菜剩饭的乞丐小孩，最喜欢和同伴玩"国王游戏"，幻想着自己有一天能成为那美丽宫殿的主人。而出生在宫廷里的那位王子，却常常看着外面的天空，羡慕可以在泥巴堆里打滚儿的小孩。

某天，乞丐小孩因为太渴望亲近宫殿了，冒险跑到王宫附近，没想到因缘际会遇上了真正的王子，而且两人的脸孔还长得一模一样。乞丐和王子本来就羡慕对方的生活，于是两人交换了衣服，也交换了身份。乞丐成了王子，被抓进王宫去学习如何当个好国王；王子成了乞丐，一回到家就被爸爸抓去一顿毒打。

故事的结局是：王子在成为乞丐的经历中，体会到民间疾苦，原本不可一世的他变成一个充满同情心的人；乞丐小孩原本无法适应王宫生活，却也逐渐坠入对虚荣的迷恋中不可自拔，而不想把这种生活还给真王子。最后，在乞丐假扮的王子正打算前往接受加冕成为国王时，遇上他的亲生母亲前来唤回自己的小孩。乞丐王子对母亲的呼喊予以否认，却也为此感到良心不安，他终于决定从虚荣的苦恼中解脱出来，回到自己原本的乞丐身份。

王子因为乞丐生活的经历，才成为一位能体察"现实"的国王；乞丐因为王宫生活的体验，也才打破内心虚荣的欲望，成为一个更像自己的"人"。

所以，"乞丐"原型也象征我们在现实生活中所面临的挑战。它让我们感受到内心那些不满足的、有缺陷的、无能为力的、需要仰赖他人的那一面。也因为这种生活困境的存在，我们最终学会接纳各种不同处境的立场，成为一个更能尊重别人的人。当人处在困境时，"乞丐"原型的启动，让我们愿意去体会别人的优点，去理解自身缺陷对我们人生的意义，最终导向的是内在独立自我的发展，并且可以与别人保持和谐的关系。

当然，倘若我们时常陷在纠葛的人际关系中无法自拔时，便可能落入"乞丐"原型的阴影：不断想要去评判别人对待我们的方式，或者以依赖他人的方式解决自己的缺失和问题，并且在长久依赖的习惯中失去努力向上的动力，而深深感觉到一种无能的沮丧感。

来看看下面的例子。

琼桦是个年轻妈妈，孩子才刚满月，她就为了要不要将孩子送去保姆那儿和家人起了争执。婆婆想帮忙带这个小孙子，认为比起送去给外面的保姆带，还是自己照顾比较放心。琼桦拗不过婆婆和丈夫，为了回到职场工作，只好约定白天上班时先把孩子托给婆婆，晚上及假日则带回来给她照顾。

可是恢复上班后，琼桦工作非常忙碌，每当需要加班时，她就得打电话告诉婆婆要晚点儿才能去接孩子，这让琼桦心里非常不舒服，总觉得自己在麻烦别人，好像婆婆免费帮她带小孩，她就欠了婆婆什么。琼桦常常希望丈夫可以早点儿回家帮忙，或者直接找保姆比较方便，但丈夫似乎完全不能认同琼桦的观点，认为妈妈明明带得好好的，也没有抱怨的意思，"自己人有什么好计较的"。一切都是琼桦自己想多了。

夫妻俩时常为此起冲突，琼桦总在埋怨丈夫无法理解自己不想去麻烦婆婆的感觉。

从这个例子可以看到，琼桦心里有一种害怕依赖别人的恐惧感，这就是"乞丐"人格原型阴影面的展现。不可讳言，很多时候"乞丐"原型和我们小时候被养育和被对待的方式有关。

许多父母在孩子还小的时候，不相信他们可以自己办得到某些事情，或者因为时间的急迫性，常常帮孩子完成许多事情，比如吃饭、穿袜子，又或者是暑假作业、未来规划等。就像很少使用某些器官，其功能就会逐渐退化一样；当父母帮孩子做好了某些事情时，孩子那部分的能力也会逐渐消失。久而久之，孩子物质上虽不匮乏，生活上却成了需要依赖父母的"乞丐"，并发展出自己受到控制、心理上无法独立的感觉。

过去种种经验让"乞丐"原型藏在我们心底，在某些不为所知的时刻发作。因此，我们可能在行为上持续地依赖他人，但心理上却对自己依赖他人的举动相当敏感，甚至排斥。

当我们觉察到内在的"乞丐"原型正在发作时，可能忍不住要去埋怨那些总是"布施"于我们，搞得我们非得依赖他们的"施舍"。但最终，我们还是得回头去了解那些施主的"善意"，不管他们做多少无谓的布施，终究不是怀抱一颗恶意的心做的。

即使这世上有些善意是相当愚蠢的，若当我们将重点放在"愚蠢"时，感受到的是怨恨；当我们关注的重点在"善意"时，体会到的却是爱。

即便是愚蠢的爱，都能证明我们活在这个世界上有价值。

面对"乞丐"的人格原型阴影，可以怎么做？

想一想，在你日常生活的关系中，有哪些人特别容易引发你心里那种"好像在拜托他又觉得自己不该这么做"的感觉？

请把你想到的每一段关系写下来，并分析自己会出现这种感觉的原因。

整理过后，请用符合现实的角度，以一分到十分去标记，每个人你分别可以依赖的程度是多少。

得到较低分的关系，便是你目前需要暂时维持界限和保持距离的关系；得到较高分的关系，则是你需要去学习信任的关系。

小偷原型（Thief）

——我怕自己被别人取代！

光明面：不管在什么情境下，都能看到自己身上无可取代的特质。

阴影面：因为害怕被人取代，转而剥削别人。

"小偷"原型的核心议题是害怕被别人剥夺，因而产生想要把原本属于自己的东西给拿回来的欲望，确认自己能够成为不会"被取代"（被偷走）的、独一无二的自我。

谈到"小偷"这个词，很多人会想到西方的侠盗罗宾汉，或是东方的义贼廖添丁。"小偷"虽然是形容违法乱纪的，但在某些情境中，"小偷"角色又变成一种英雄般的存在。

来看看关于廖添丁的故事：根据记载，廖添丁在 1883 年出生于现今的台中市清水区，之后北上发展，十八岁开始就陆续犯下多起盗窃案件，包括对地方上知名富商的盗窃案。地方传说廖添丁不畏权势、劫富济贫，得罪了趁势敛财的保正①，保正因此向当权的日本人罗织他的罪状，指控他是乱党，于是廖添丁开始四处躲避日本人的追捕通缉。二十六岁那年，正值台湾地区抗日意识高昂，他因偷窃警方的枪支、弹药及佩剑受到严密追捕，最终被自己人击毙。

廖添丁过世后，许多民间故事不断被描绘出来，加上讲古②人的传播，廖添丁几乎成了家喻户晓的义贼，被视为抗日英雄一般的存在。然而，若用今日的眼光去看当年发生的事件，却也有许多历史考证毫不留情地指出，廖添丁纯粹只是一名社会刑事案的犯案者——也就是小偷、强盗和杀人犯，与抗日情操其实并无太大的关联。

我们无意在此讨论廖添丁究竟是抗日英雄还是杀人犯，但值得思考的是：为何当时当地的人民宁愿把廖添丁想成是一位抗日英雄，美化他偷窃犯案的那一面呢？

历史学家解释，这是因为"抗日英雄"的形象，才符合当时台湾地区民间的社会集体记忆。若再用"小偷"原型的阴影面来解

---

① 根据《台湾地区闽南语常用词辞典》释义："保正相当于现今的村长、里长。在日据时期，十户为一甲，十甲为一保，保正为一保的民政事务管理人。"
② 讲古，即说书、讲故事。是讲古艺人用闽南语泉州话对小说或民间故事进行再创作和讲演的一种传统语言表演艺术形式。

释，可以理解并联想到，在日据时期的台湾地区人民心里那种被不同国家、族群的人占据、剥夺、取代的心理纠结。廖添丁传奇无疑给群众情绪宣泄提供了一个出口，象征当时穷困的市井小民想要把自己被剥削的财富从"富人"（偷走我东西的人）那里夺回来，以及一个被殖民的族群想要从外来的入侵者手上拿回自己的主权。

换句话说，廖添丁这一角色，反映了"小偷"原型在当时人民的心中是如何被集体启动的。我们可以通过"小偷"原型的阴影面，去理解那个时空下人民的心情：对被剥夺与被取代的害怕。

那种匮乏的感觉让人无法确定自己有能力满足心里的欲望，而当内心的害怕越强烈时，我们也越会无意识地渴望去剥夺别人（拿别人的东西）。即使已经逐渐远离那样的时代，这样的阴影仍根植在我们心中。

从下面的例子，再来看看"小偷"原型的阴影面如何影响我们的日常生活。

徐蕾平时定期参加某一个学术团体讨论，团体中有一位来自香港的学生，比其他学生显得更为积极。每次上课时，讲师如果问大家有没有问题，香港学生总是毫不犹豫地举手，从简单的问题问到难的问题，从小的问题问到大的问题……每次这个学生问问题的时候，徐蕾总感到不舒服，看着对方比划、用力说出自己的想法，她心里就会浮现一种厌恶感。

徐蕾对此感到奇怪，也有点儿懊恼，她也知道自己和这位学生并没有太多接触，何必有这么强烈的负面感受？但她就是没办法阻止心中那种学习时间被人侵占了、风头被侵占了、老师的关注点也被侵占了的感觉，所以徐蕾心中一直有一种难以言喻的、想要阻止这位香港学生发言的冲动。

徐蕾的例子可以让我们思考我们心中"小偷"原型的阴影面是如何被强化的。一个重要的原因，是父母拿自己孩子与外人比较。很多父母以为通过赞赏别人家的孩子，可以激发自己小孩的潜力，所以会不自觉地过度夸奖外人，而忽略孩子的感受。孩子觉得爸妈欣赏外面的人比自己还要多。久而久之，孩子开始不再往自己内在去看，而忙着关注外面的人表现得好不好，生怕自己跟不上别人，就会失去父母的爱。

所以，"小偷"原型的存在也是一种提醒，是为了让我们看见：每个人身上都有一些无法被偷走的能力，要去发掘自己身上无可取代的价值。就像传说中廖添丁的"行侠仗义""不畏强权""不屈不挠"，这些属于个人内在的珍贵能力，是任何人在任何情境下都无法取代或剥夺的，并且还亟待我们从自己的内心去好好开发。

面对"小偷"的人格原型阴影，可以怎么做？

思考一下，在你日常生活的关系中，有哪些人时常让你觉得他在占你便宜？（一个反向思考是：哪些人让你觉得自己时常在占他便宜？或者你做了哪些事情以后，觉得有点儿良心不安？）

想一想，这些人做了什么，让你出现这种感觉？你觉得他夺走了你的哪些权利？从你身上夺走了什么？（反向思考：你对他做了什么，让你对自己有这种感觉？）

再想一想，如果世界上就是有人虎视眈眈地想要从你身上偷走某些东西，你能不能发现有哪些东西是他绝对偷不走的？如果还没有的话，你如何创造出这些别人无法偷走的东西？

万人迷原型（Charmer）

——我怕自己不讨人喜欢！

光明面：从别人对自己的关爱中，找到对自己的爱和喜欢。

阴影面：通过某些手段来诱惑或压迫别人，使别人喜欢自己。

"万人迷"原型所面临的核心议题，是一种对"爱与被爱"自信心的挑战——当我们心里有多少对自己的不喜欢时，就会转成多少需要别人喜欢我们的渴望。

"万人迷"的称号，通常用来形容那些身上洋溢着吸引力和魅力，甚至充满性感能量的人，他们可以在不用付出太多的状况下，就受到众人的关注与喜爱。因此，"万人迷"原型象征着我们最自然的本性中，生来就具备着某些惹人喜爱的特质，以及我们无意识中想要被每个人喜欢的欲望。

然而，在真实的人生中，往往是有多少人喜欢你，就会有多少人讨厌你；但很多时候，我们不愿意接受这个事实。"万人迷"原型的阴影面就会被启动，让我们无意识地想要通过金钱、权力和性感来诱惑别人，使他们喜欢上我们。即便这种无意识的举动仿佛是人之常情，背后实则存在某些"操控"的意味。说穿了，我们其实就是害怕自己无法在别人不喜欢的状况下生存，于是想办法要去控制那些看起来不喜欢我们的人。在这种情况下，我们便特别在意自己的表现，难以忍受自己。

来看看下面两个例子。

品安是个能力优秀的女性，自己开设了一个工作室，从小项目做起，逐渐把事业发展起来。品安是个不太挑项目的人，不像一些大工作室只接大项目，即便是个人委托，她往往都会尽量协助。时间一长，品安的工作室有了好口碑，邀约也变得非常多，项目也一次比一次大，品安逐渐感到自己不堪负荷。

日前品安接到一个政府的项目，是和公共建设相关的重要议题，品安倾全力处理项目的相关细节，此时有几个过去的企业老客户回来请品安帮忙，品安看行程表上勉强还有一些空档，客户又盛情难却，就答应了。

几个项目同时进行，品安蜡烛两头烧，加上官方意见临时做了修改，让品安必须延长工时，很快，品安感觉自己出现耳鸣、头晕等身体不适的状况，某天半夜还胃疼得醒过来。要交老客户项目的前几个晚上，品安失眠了，她发现自己没办法在这么仓促的时间内把项目赶出来；她陷入一种挣扎的情绪，懊悔自己同时接了这么多工作，不但造成自己的负担，也可能增添别人的麻烦，但她又不想在身体不适的状况下勉强自己，影响工作的质量。

品安在床上翻来覆去，明明可以隔天就告诉老客户这件事，但她仍旧拖到了结案的前一天才告知对方。

告知对方此事时，品安感受到电话另一边的声音一沉，她也有种心往下沉的感觉，之后，她和这位客户再也没有联络过。

世航是个教学能力很强的高中科任老师，他才到学校任教没几年，学生们就开始拿他和原来的科任老师做比较，推崇世航的教法实在比其他老师好太多了，因此每学期被他教到的班级的学生，就像中了头奖一样，士气高昂地学习。

面对这样的状况，世航虽然嘴上不说，心头却是喜滋滋的。他知道父母给自己一副天生的好口才，那是别人学上十年都学不来的优异天赋。

没想到，这学期有一位学生在期末的教学回馈单上写了这样的意见："老师虽然很幽默，但教给我们的东西似乎有点儿浅薄，让人有些失望。"

这段回馈踢爆了世航心底最敏感的那条神经，虽然大部分的教学回馈都是正向的，但因为这段留言，世航变得寝食难安，无时无刻不在想着要把这个匿名填写的学生给揪出来。他耿耿于怀地对他任教班级的学生说了很长一段话，表达他心中对此有多么失望，还跟学生说："说我浅薄？你们知道我是哪里毕业的吗？"

时间一天一天过去了，世航始终还在猜测是哪位学生这么说他。

品安和世航都是陷入"万人迷"阴影的例子，虽然两人的行为表现不同，但背后有一个共通点，就是"害怕别人不喜欢自己"。为了排斥这种不被他人喜爱的感觉，有些人会勉强自己来配合别人，有些人会强势地想要驾驭别人，还有些人会害怕自己不讨喜的地方被人发现而尽量远离别人。

为什么人有时会如此害怕不被别人喜爱呢？从心理学的角度来看，因为"爱"是一种关系的联结，也是我们生存的一项必要条件。在生命最初的时候，我们总得通过这种联结（照顾者与婴儿的关系），才能让自己活下去，所以某些违反生存条件的联结（例如：惹别人生气、别人不理我）是会令我们感到恐惧的，也会形成我们内在对自己的负面看法。

先来看品安的例子，当她因为忙碌而生病时，她第一个关注的不是自己的身体想要对她表达些什么警讯，而是已经预设这样的自己会把事情搞砸、惹客户生气——这就是一种违反生存的联结。所以，对她来说去向客户说明情况的举动就变得相当困难。她才会把事情拖到最后，并且当她觉得自己真的把事情搞砸后，害怕的感觉让她不敢再面对客户，而造成自己心中的遗憾。

当没办法觉察到自己内心深处的害怕时，我们往往不知道，此时我们需要先停下来安抚自己，让自己回到比较平静的状态后，才能去判断事情的轻重缓急，做出比较清楚的表达。

　　"万人迷"原型常常以一种想要"好好表现"的欲望来展现，使我们忽略了那背后更深层次的感受，其实是对人群的恐惧和不安。就像上述例子中的世航，后来在校方的安排下，他接受了辅导人员的咨询，几次谈话后，世航意识到那句"浅薄"的形容，其实也是他内心深处对自己的批评；他虽然是名校毕业，但是语文极差，一直认为自己配不上所拥有的学位。

　　所以，"万人迷"原型是在考验我们能否从关注别人的执着中，找到能够关爱自己的点。当我们努力想要表现得像个"万人迷"时，最无法真心喜欢我们的往往就是我们自己。因为一个真正喜欢自己的人，是不会太在意别人喜不喜欢自己的。

面对"万人迷"的人格原型阴影，可以怎么做？

提醒自己几个现实：

对于那些不喜欢你的人，其实你已经很难改变他们的看法了，如果你坚持要这么做，可能会白费你许多力气。

但是你绝对可以改变对自己的看法。你可以从看见自己对事情的认真付出开始，或者去做一件你觉得值得自己欣赏、值得让自己感到骄傲的事。

伙伴原型（Companion）

——我怕自己不被了解！

光明面：渴望人际关系中的忠诚与相互的心灵交流。

阴影面：害怕遭受背叛，或被自我私欲影响而看不见别人的需要。

"伙伴"的光明面是对人际忠诚的渴望，阴影面则是对不被理解和遭受背叛的害怕。这个原型的核心议题在于，能否在人际关系中觉察自己的欲望，理解对方的需求，扮演一个不被自己私欲引导、能进行心灵交流的同伴角色。

在精神分析领域心理学家的研究中，我们内心深处对"伙伴"的需要，早从婴幼儿时期就开始浮现了。首先，在连话都不会讲、路也不会走的婴儿时期，我们内心会有一种"想要别人来主动理解我"的渴望，非语言交流，哪怕仅仅是氛围的流动，"他"便能够知道"我"此时此刻的愿望。等到会走路了，我们开始接触外面的世界，心里对陌生事物既好奇又恐慌，需要有一个人鼓励我们往外走，但在我们想要回来时，又能确定"他"会在那里等着"我"。

是的，这是婴幼儿对照顾者（大部分指的是"母亲"）的期待，所以心理学家才说：在成长过程中，每个人都需要一个够好的伙伴（照顾者／母亲），陪伴我们度过那个想要共生又渴望分离的阶段。

这种对忠诚、被人理解与理解他人的心灵交流的渴望，便是"伙伴"的原型。

既然"伙伴"原型在心理层面上，呈现一种对"忠诚"的渴望；我们自然也能理解，"伙伴"原型的阴影面，则是一种对"背叛"（不忠诚）的害怕。

人际关系是由两人以上所共同组成的，里面当然不会只有"我"的欲望存在，也有"你"的欲望和"他"的欲望。当许许多多来自不同个体的欲望被摆放在同一种关系中时，"谁的欲望比较重要？"就变成一个相当重要的议题。欲望与欲望的对峙和角逐，常常让我们无意识地去面对是"放弃自己的欲望"还是"不顾及他人欲望"这种情况。而这种挣扎的矛盾感，早在婴幼儿时期就开始了。当我们没法确认自己能够真实地看见别人的渴望时，便也无法相信别人能真实地看见我的渴望。

来看看下面几个例子。

嘉胜喜欢听古典音乐，但他的太太却嫌古典音乐有一种死气沉沉的感觉。每次听到太太这么说，嘉胜就忍不住翻白眼，一方面觉得太太没有欣赏音乐的气质，另一方面又气太太不愿意花时间去了解自己的兴趣。可是为了不伤太太的心，嘉胜始终没把这份心思表达给太太知道，只是暗自生闷气，度过那些被太太数落的时刻。

淑均和惠馨是办公室里的一对手帕交（闺蜜，好友），两人认识已久，靠淑均引荐，惠馨才进到公司工作。后来部门来了一位新同事，穿着打扮和惠馨的品位十分类似，惠馨也很自然地和新同事越走越近。淑均每次看到惠馨和新同事有说有笑，心里就很不是滋味，她就是有种被惠馨背叛的感觉。

最近公司举办员工旅游，淑均突然发现惠馨和新同事约好住同一间房，心里顿时一股怒气冲了上来，便跑去质问惠馨说："以前不是都我们俩一起住吗？你这次要和别人住，难道不用先通知我？"惠馨对淑均的质问感到有些冤枉，对淑均说："我以为你会和上次一样，和你男朋友住一间房。"

不管惠馨怎么解释，淑均始终难以释怀。

瑞敏经常参加一些心灵成长课程，每次听完讲师的授课内容，瑞敏就会觉得自己的父母实在不够好，不是一对可以接纳她情绪的好父母，也没有足够的包容度允许她过自由自在的日子，她对这样的父母总有许多怨气。

某堂课中，有位老师问瑞敏，听起来她很渴望和父母再靠近一点儿，那么，她是否主动向父母表达过这个心愿呢？瑞敏突然一愣，老师说的问题她真的从来没想过。在她心目中，为人父母的不就是要主动去和孩子交流吗？怎么会是孩子反过来主动去做这件事呢？

瑞敏实在想不通，就去请教老师这个问题。

老师这样回答："当我们年龄较小的时候，自然是父母主动去了解孩子的责任大一些，因为父母的智力和生活经验都在孩子之上。但是……"老师反问瑞敏："你有没有想过，自己是从什么时候开始，觉得自己已经懂得一些父母不懂的东西？"

哎，好像蛮早的，可能从上大学就已经开始了。

老师又说："你都开始懂得父母不懂的东西了，不就该换成你要去跟父母分享你会的东西吗？新时代的年轻人不教老人家一些新东西，难道还要期待老人家来告诉你们已经过时的观念吗？"

最后，老师留下一句让瑞敏头痛的结论："我们老是说父母是不够好的父母，却很少去想，其实我们可能也是不够好的子女啊！"

上述几个例子时常在日常生活中出现，不论是哪一种类型的亲密关系，只要关系中开始出现不平衡的感受，就可能挑战到我们内心的"伙伴"原型，唤醒那些不被好好对待的恐惧感。

然而，从这些例子中，我们也可以发现"伙伴"原型背后需要觉察的意义：关系是双向的，人也是相互的。在人际关系中，我们会不自觉地陷入一种要去评价别人有没有好好对待我们的困境，却让我们忘了一件更重要的事——如果想要有个能心灵交流的好伙伴，自己也得学习去做个能够理解别人的好伙伴。

面对"伙伴"的人格原型阴影，可以怎么做？
想一想，在你日常生活的关系中，有哪些人会让你感到他不了解你，或让你担心他对你不够真诚？ 　　以角色交换的想法来思考对方的立场，如果你是他，你会怎么看待你们两人的关系？你觉得你对他有如你期待般的理解和信任吗？

吸血鬼原型 (Vampire)

——我怕失去你，我就
　　变得没有价值！

光明面：对危险关系觉察很敏锐，并有把握从中跳脱出来。

阴影面：从别人身上吸取养分直到榨干对方，而陷入复杂的人际关系。

　　"吸血鬼"原型的核心议题在于，能否觉察自己可能处于一种"压榨他人"以获取养分的状态，而当我们无意识地如此对待他人时，也可能同时容许别人这么对待我。

　　"吸血鬼"这个角色常常出现在许多小说和电影中，若将各种说法整合，不外乎有几个特征：第一，是一种死不了的非生物体，不是真正的人类，比较像不死的活尸；第二，长着别人可能看不见的尖牙，能借此把人咬住不放，直到对方元气殆尽为止；第三，它们脸色常常又青又白，体质其实相当虚弱，所以需要依靠吸取别人的元气来维生。

"吸血鬼"原型正象征我们期待从别人身上汲取养分，甚至为了自己精神上的需要，而想要榨干他人的那一面。如同"吸血鬼"的特质，我们一旦发现自己渴望的目标就会紧抓不放，没法如愿时便会感到自己十分虚弱。"吸血鬼"原型特别容易在人际关系中被启动，明明已经觉察到关系岌岌可危，却宁愿一边抱怨，一边不肯放手，过着一日一日逐渐耗费生命力的日子。

深入一点儿来看，什么样的心理阴影，会造成这种无意识地要去榨干别人的特质呢？最常见的原因是，我们的精神世界面临一种如同"吸血鬼"般的活尸状态，找不到自己精神心灵的主体性，仿佛内心有一个深不见底的神秘黑洞，把我们的生活经验都抽成真空，以致无法从日常行事中感受到活着的快乐。所以，我们无意识地去掐着别人，拿别人的血肉来温热自己的身躯，但事实上，这种方法却无法使我们成为一个真正的活人。

精神世界缺乏自我的主体性是怎么发生的？通常和我们长期以来与他人相处的方式有关。比如说，在成长的过程中，我们常常觉得自己需要去满足别人的期待，不容许自己让别人失望，或者过度担忧自己达不到父母要求时会受到严厉的惩罚……当我们长久处在这种状态下，心里面那个真正的"我"的生存空间就变得非常狭窄，只好无意识地从周围的人身上吸取可以壮大自我的养分，却也不知不觉地压缩别人内在的生存空间。

然而，觉察自己内心深处的"吸血鬼"原型也相当重要，因为当这原型被启动时，我们不只会无意识地压榨他人，也可能无意识地容许别人这样来压榨我们，以致容易陷入一种依赖与被依赖的、复杂的关系旋涡当中。

来看看下面的例子。

昱阳是个体贴的人，当初他在追求女友时，曾经为了因出车祸在家养伤的女友，请了两个星期的假去照顾她，几乎把整年的休假一次花光了也丝毫没有怨言。女友觉得这辈子不会再有人对她这么好了，决定把自己的终身托付给昱阳，两人开始谈婚论嫁。

直到开始筹备婚礼后，女友才感受到内心有股被人压迫的感觉。

首先，是看婚纱那天，女友看上了一件侧面开高衩的白色晚礼服，问昱阳是否喜欢，昱阳一直皱着眉头，却不肯明确表态。女友因为实在是太喜欢这件礼服了，看昱阳既然没有反对，就直接订了，谁知昱阳就这样闹了一个星期的别扭，直到女友退掉这件礼服，他才转怒为喜。

再者，就是各种大大小小的婚礼细节，昱阳嘴上说自己要包办所有杂事，不让女友烦心，女友却常在上班时间接到昱阳的电话，他询问：喜帖烫金色的好不好？菜色要海鲜还是牛肉？……女友工作忙，只要一不小心漏接昱阳的来电，就会收到一连串狂 call（打电话）的信息。

女友开始觉得，这个男人虽然对她好，但如果她没有给他同等热情的响应，她就会受到一种精神上的虐待。于是几经思索，女友决定和昱阳分手。

用情至深的昱阳怎么可能轻易和女友解除婚约呢？从女友提出分手后，他就经常打电话给女友，不时地出现在女友平时往来的路上，苦苦哀求要复合。

女友从心疼转为烦躁，还有对昱阳的害怕。最终，她拿着自己被昱阳骚扰的证据去报警。

"我不能没有她，我真的不能没有她。"警察来劝诫昱阳时，他嘴里还念念有词，"我对她这么好，她怎么可以这样对我？"

因为他始终将关注的焦点放在女友身上，昱阳没有觉察到，自己在这样的关系中其实过得并不快乐。他缺乏对痛苦根源的觉察，当然也就体会不到，原来自己和别人一样，也害怕无法呼吸的感觉，也需要自由。所以，女友的离开对昱阳来说其实有很大的意义，让他在痛苦中不得不去面对自己带给别人的压迫感，以及他曾经也容许别人这样压迫他。

觉察痛苦往往是迈向自由的开始，经过对自己内心深处的觉察，昱阳才发现自己不知不觉地将"爱"定义为一种关系的捆绑；而面对无法捆绑对方的关系时，他心里就会感到恐慌。

目前昱阳还在进行他的自我修复历程，他说，等他真正学会相信"不用捆绑对方，也是一种爱"时，他想要好好谈一场不再捆绑对方的恋爱。

面对"吸血鬼"的人格原型阴影，可以怎么做？

想一想，在你日常生活的关系中，有哪些人会引发你特别强烈的渴望？当这种渴望出现的时候，你会做出什么样的行为？哪些行为是你做了以后，自己也会觉得不开心的？（反向思考：对方做了什么会让你觉得不开心？）

再想一想，这些关系中让彼此都不开心的感觉，为何会重复出现？对你的意义是什么？如果你是他的话，你又会怎么看待这些行为？你觉得这些行为如果持续下去，对你们的关系会造成什么样的影响？

请从这些行为中挑选一项作为你想要改善的目标，并在你和别人的相处中尽量减少这件事出现的频率。当你下次再出现这种冲动时，请深呼吸并提醒自己："其实我并不想这么做。""这不是我的本意。"

上瘾者原型（Addict）

——我怕失去自我控制力！

光明面：能从某些具有负面影响的欲望中跳脱出来，找回心灵自由。

阴影面：沉迷于受到欲望捆绑的状态，离真实的自己越来越远。

"上瘾者"原型所面临的核心议题，在于我们能否将沉沦在某些关系和物质中的自我，重新拯救回来，找回心灵的自由。

什么是"瘾"？简单来说，就是一种对特定人、事、物的执着；而"上瘾者"指的就是那些执着于特定事物或关系的人。从心理学来解读，如果"上瘾者"在他们想要却没办法得到渴求的东西时，就会产生某些生理或心理上的不适感，使他们无法正常地生活。

在心理层面上，"上瘾者"原型象征我们对外在事物的沉迷，以致在这种对外在物质或关系的迷恋中丧失了自己在精神世界的主导性。因此，我们可能无意识地赋予他人凌驾于自我之上的主导权，自己却不知不觉地迷失在那些外在喜好中。于是，我们快乐满足与否，都变成不是自己可以决定和掌握的。

所以，"上瘾者"原型可能带来一种害怕失控的焦虑感，使我们在恐惧之中不愿诚实地面对自己内心的感受，逐渐和真实的自我脱节。

从心理分析的角度来看，"上瘾者"原型的浮现不见得是一件坏事，因为那些会让我们上瘾的事物，往往和我们过去的人生经历很有关系。换句话说，"瘾"的存在，或许是为了让我们有机会去超越那些已经不符合现实生活的"癖好"。当我们能从"上瘾者"原型中跳脱出来时，心灵就会获得一种前所未有的、自由的力量，而这样的例子在生活中还真不少。

育泽喜欢谈恋爱时和恋人并排躺着、早晨阳光洒进被窝里的感觉，这让他一点儿都不想起床。恋人和他分手后，他每天都因为思念这份已经失去的温暖，而激动地跑到前女友的家门口，使尽力气用拳头捶墙壁。比起和他谈恋爱的这个"恋人"，更令育泽焦虑的，其实是那种床上互相拥抱的感觉在分手后荡然无存。

子瑜有个难以启齿的秘密，就是她很喜欢坐在马桶上吃东西，这种痴迷已经到了不坐上马桶就没什么食欲的地步。这个习惯大约在她十五六岁时就开始出现，当时子瑜是个初中生，正在准备中考，父母对子瑜的成绩期待很高，对子瑜的管教也非常严格。

子瑜生活得很紧张，便秘的状况也出现了，子瑜总要花好长时间坐在马桶上。即便如此，子瑜怕成绩不好，连上厕所的时间都分秒利用，一下念语文、一下读英语，谁知道结果却让她的便秘更加严重，常常肚子硬邦邦的，痛得不得了。所以子瑜只好拿着酸奶进厕所喝，果然有效！从此以后，她就养成了拿食物进厕所去吃的习惯，边吃边拉，享受那种硬邦邦的肚子变得松软后的快感。

这个习惯一直延续到子瑜成年，到她进入社会成为一个工作者，当然，这也成为她说不出口的"瘾疾"。

"瘾"的心理意涵，是一种对自我的习惯性压抑，因为害怕生活失序，某些仪式化的行为就被发掘出来帮助我们控制自己。所有"瘾"的执着背后，都联结着一段故事，我们需要通过对这些过去脉络的觉察，来看清我们是用什么样的方式在限制自己的自由。

比如上述案例中的育泽，让自己陷在分手的情绪中，就不用去面对自己和前女友可能并不适合的事实，以及需要跨出脚步去建立新的亲密关系的恐慌。又如案例中的子瑜，不断重复着青春期"马桶配食物"的癖好，又岂不是在反复给自己一个机会，重新找回可以离开马桶，到别处去进食的动力呢？

我们时常误以为，某些不愉快回忆无法忘记，某些不想做的惯性行为重复发生，就代表我们始终无法走出痛苦。但以当代心理分析的观点，重复发生的惯性行为，是为了让我们看见过去曾经痛苦的自己。看见了才有机会疼惜他，然后从自我关爱的过程中发现新的力量。

面对"上瘾者"的人格原型阴影，可以怎么做？

思考一下，你的日常生活中有没有"瘾"的存在？

如果说每种"瘾"的背后都联结着一种焦虑、一段故事，那么你的焦虑和故事会是什么？

你可以试着为自己的"瘾"命名，如果"它"会说话，它会怎么诉说自己的故事？

分析你是否应该对你的"瘾"做一些调整，让你对"它"的存在感到更舒服，如果是，下次它出现的时候，你觉得自己应该怎么做？

赌徒原型（Gambler）

——我怕没有时间完成
　　自己的心愿！

光明面：具备判断危险时刻的直觉，能承担未知的危险。

阴影面：沉迷于短期收获的成效无法自拔，失去耐性和道德判断。

　　"赌徒"原型暗藏着一种对时间流逝的恐惧和焦虑，核心议题在于，能否善用自己的直觉去判断面临危机的时刻，懂得在适当的时机，让心灵脱离对短期成效的迷恋，避免陷入急功近利的状态。

　　诺丁汉特伦特大学的一名心理学家马克·格里菲斯（Mark Griffiths）做了一项有趣的研究：他对五千五百名赌徒进行调查，去了解他们参与赌博背后的动机是什么。研究结果出炉，除了"赚大钱"这个期待，赌徒们也因为"觉得赌博很有趣"和"赌博会令人情绪亢奋"而成为赌徒。

为什么赌博会让人感到有趣？斯坦福大学的研究者斯里达·那拉亚南（Sridhar Narayanan）说：虽然人们很清楚，在赌博中，赔钱比赢钱的概率更大，但是人们对"小输"并无太大的痛感，而只要有"小赢"就能有满足感，甚至在短时间内，"赔钱"还能引发赌徒对"赢钱"的期待，所以当"赢钱"的时刻来临时，他们会觉得精神亢奋、通体舒畅。

换句话说，"赌徒"的心境，就是一种活在自己的直觉当中，"花钱买快感"的状态。

从心理层面来看，"赌徒"原型也象征着我们心底那份"想要通过自己的直觉孤注一掷"的愿望，它促使我们用一种快节奏的步调前行，期望在短时间内能够看到结果。所以，当"赌徒"原型被启动时，我们的个性会变得比较急，无法忍受等待，有时甚至会铤而走险，去做一些违背良心的举动；也容易被似乎可以在短时间内收到成效的事物吸引，或是当等待时间太长时，就频频更换自己热心的事物，以至于陷入一种急躁的状态。因为只有三分钟热度会导致人产生一事无成的沮丧感。

"赌徒"原型的心理阴影，就是太过迷恋"想要赢"的亢奋感，而拒绝酝酿、铺陈与等待这个过程，久而久之，就变得不愿意通过脚踏实地的努力来获取成功。因此，当挫败感来袭时，他们也特别容易归因于"我的运气太差"，而进入一个身心皆被失败经验紧紧缠绕的低迷状态。

不过，"赌徒"原型当然也有它存在的正向价值。这个原型启动时，会让我们变得果断，比较能够承担未知的压力；而"赌徒"原型中的"直觉"特质，也引导我们去觉察那些具有危险的时刻，就像真正的赌博一样，为自己设下赌局的止损点。

来看看下面的例子。

书涵是个小资，她的薪水虽然不高，但她很努力地工作挣钱，来换取自己想要的生活。某天，公司换了一位新主管，主管做人精明，常常在外面交际应酬，领回来的发票就由书涵负责报账。

这天，主管的秘书又送来了一叠发票，书涵翻开里面的明细数据，惊讶得不得了，因为其中许多项目明显是主管的私人购物，就连小孩上学用的减压肩带都列在上头。书涵忍不住多问了秘书一句，秘书回她："你干吗多事，大家都是这么搞的，有什么好大惊小怪的？"

待在公司越久，书涵就发现那些账务背后的秘密越多。她开始对自己长时间以来辛勤工作、老实赚取每一分钱的行为感到不值。对她来说，整个组织仿佛是个庞大的共犯结构，身在其中的她，却渺小得连为此发言的资格也没有。

几年之后，书涵也成了一名会报上私人账务的基层主管，但她心里隐隐感到不安与不快乐，觉得自己好像变成一个违背初衷的人。果然，没过多久，书涵的公司被某大企业并购，新来的大老板带着会计师查看了过去的所有账册，就将大部分的员工给遣散了。

遣散的名单中也有书涵。她感到有些后悔，如果她当初能坚持自己的想法该有多好！但是她又有些庆幸，脱离了那种投机取巧的工作环境，她又可以重新回到最初的自己了。

如同书涵的例子，我们常常会用时间和年岁来衡量自己该有的成就，孔子说的"三十而立，四十而不惑，五十而知天命……"又何尝不是一句因为时间焦虑而被我们信仰着的至理名言？

"赌徒"原型正是在提醒我们：去观察，以及尊重自己的时间步调，制定出适合自己的生命流程，然后明白，每个人的生涯时间表都是独一无二的。

面对"赌徒"的人格原型阴影，可以怎么做？

回顾你过去生命中所发生过的危机和困难，彼此之间有没有什么样的共通点？有哪些困境是和你对时间的焦虑感有关的？

思考一下，你在制订各种生涯目标时，都给自己多少实现目标的时间？你也可以问一问周围的朋友，他们都给自己多少实现目标的时间？

建立你自己的"生命旅程表"，合理地写下你十年内想要完成的目标。

享乐者原型（Enjoyer）

——我怕不能做自己喜欢
的事，怕失去自由！

光明面：能够享受生命中美好的事物，并将此转为正能量。

阴影面：放纵自己，把自己的快乐建立在别人的痛苦之上。

"享乐者"的光明面是开心和自由，阴影面则是当遇到阻碍自己开心和自由的人、事、物时，可能无意识地展现出攻击性。这个原型的核心议题在于，他们能否跳脱那些需要伤害自己或他人来达成快乐生活的时刻，不将自己的快乐建立在别人的痛苦上。

如果要用一句话来形容"享乐者"原型，大概就是那句老话：

"只要我喜欢，有什么不可以？"这是一种趋近快乐、逃避痛苦、非常乐于倾听自己内心欲望的状态。当"享乐者"原型占据我们内心时，我们往往会去享受那些带给生命美好的事物，并且将这种美好的感觉转化为生活中的正向能量，进而引导我们去创造更多美丽的事物。

然而，除了创造美好的这个方面，"享乐者"原型也有过于放纵自我、逃避痛苦的另一面。在这种状态的驱动下，我们可能无意识地为了自己的欢乐而去牺牲别人，或是为了追求欢乐而伤害自己的健康，以至于我们无法用一种较随性洒脱的态度去面对快乐这件事，而不自觉地通过一些手段来获得它。

我们来看看下面的例子。

博霖是个情绪化的人，他常常前一分钟还笑容满面地跟同事说话，下一刻却突然不高兴地拍桌走人。对博霖的这个毛病，同事们都感到相当无语。于是，办公室里开始有些耳语传出，说博霖个性大牌又难搞好关系，还有人说，他这种脾气就像幼儿园小朋友一样。

私底下，博霖对自己的老毛病也相当懊恼，很多时候，他明明不想对别人凶，但就在他还没意会过来时，胸口已经感受到一阵愤怒，传递到他四肢的神经末梢，让他感觉脸红脖子粗，外加口干舌燥，"啪！"的一声拍桌，运动神经快得连他自己也反应不过来。面对尴尬的局面，他只好逃离现场，没脸留下来承担自己搞砸的人际关系。

博霖觉得这样的自己和父亲颇为相像。在那个他还没有自主权的童年时光里，父亲的心情就像家中的气象台：父亲心情好，一家和乐；父亲心情不好，全家就倒大霉了。在这样的环境中长大，很多时候，博霖必须压抑自己的快乐，去成就父亲的快乐，所以长大后的他，也仿佛希望别人来成就他的快乐。

博霖心里有一种连他自己都说不出来的期待，如果和别人相处的模式是朝他所期待的方向发展，他就像个说什么都好的随和朋友；但如果别人释放出不愿顺从他期待的信号，他的情绪就会"轰"一声炸开，出口威胁别人，直到事情如他所愿为止。就像那天，博霖感冒去看医生，柜台坐了个不熟悉他的护士小姐，没像平常一样给他看病的优先待遇。他等了一会儿，终于忍不住出口指责柜台的护理人员。

类似博霖的例子非常多。很多人觉察到自己正在重复某些家庭中不愉快的行为模式后，对自己无法改变现状而感到受挫，总而言之，就是一种"明明知道，却改不了"的无力感。

然而，在临床工作的经验中，我们发现觉察的重点并不是为了改变，而是为了扩大自己的选择。换句话说，博霖发现自己身上有某些个性和过去他所不喜欢的父亲相仿。这并不是为了让他马上变成一个和父亲性格不一样的人，而是当博霖觉察到自己出现和父亲相似的行为时，可以选择做出不一样的反应。比如说，父亲从前总是无来由地生气，却从来不说抱歉；但当博霖此时此刻意识到自己对护理人员的态度太过差劲时，却可以选择向对方说对不起。

　　同样是无理地发脾气，一个诚心抱歉的举动，就足以让博霖成为一个不同于过去、不同于父亲的人了。

面对"享乐者"的人格原型阴影，可以怎么做？

　　如果把"享乐者"想象成那个内心失落的自己，你觉得他会是什么模样？有哪些事是你童年时最爱而现在常常忘了要做的？有哪些事是你喜欢却不被允许去做的？如果这世上有一个自由自在的你，想象一下，他会是什么模样？

　　再思考一下，现实生活中的你和这个自由自在的"享乐者"模样有什么不同？有什么共通点？又有什么互相冲突的特质？

　　倘若要把外在的你和内在享乐的你逐步拉近，你会做些什么调整？

闲聊者原型（Chatter）

——我怕自己比不上别人，
　　尤其是那些讨厌的人！

光明面：能够体会不被自己接受的人、事、物的立场，培养对世界的信任感。

阴影面：因为对别人嫉妒、羡慕和讨厌，而参与伤害别人的评论。

"闲聊者"原型的阴影面中，藏着一种"落后于人"的恐惧感，他们所面临的核心议题在于，能否克服对他人、对世界的厌恶感，将心理上的能量转到对自己有益的地方。

谈到"闲聊者"，很多人会联想到"三姑六婆"。所谓"三姑"，指的是尼姑、道姑、卦姑，"六婆"则是牙婆、媒婆、师婆、虔婆、药婆、稳婆①。由于古代的大家闺秀常常是大门不出、二门不迈，平时也只能等这些三姑六婆到家里来串门时，聊聊别人的八卦而已，三姑六婆往往借着这类身份干些坏事，比如说，像"私奔""逛窑子"②这种事情，就常常是三姑六婆出的主意。演变到后来，"三姑六婆"除了意指市井上各种不同行业的女性，更拿来比喻不务正业，喜爱搬弄他人是非的妇人。

所以，"闲聊者"原型也象征我们内心期待着参与群聊、分享八卦，甚至加入伤害他人评论的欲望。

先来看看下面的例子。

瑞玉在前一个公司和直属主管起了很大的冲突，最后瑞玉和直属主管分别离开了原来的公司，各自寻求新的出路。

瑞玉个性积极，还没离职就开始寻觅新工作，离职后无缝接轨，进入新单位任职。进到新公司后，瑞玉突然发现周围的新同事大多认识之前的直属主管，她心里浮起一种不安的感觉，于是当有人问瑞玉"你之前是不是和那个谁谁谁一起工作"时，瑞玉总是瞬间就脱口而出："是啊，你知不知道她……"然后尽可能地描述前主管的不是。

仿佛一种无意识的反应，瑞玉最后还会语重心长地告诉对方："如果以后你要和她合作，一定要小心一点儿。"

---

① 牙婆：以介绍人的买卖为业从中取利的妇女。媒婆：以做媒为业的妇人。师婆：指巫婆。虔婆：妓院鸨母。药婆：卖药治病的女人。稳婆：接生婆。
② "窑子"为中国古代平民阶层的性交易场所。

雅竺是瑞玉的一位新同事，自然也听过瑞玉怎么形容自己的前主管。有趣的是，雅竺和这位前主管其实是认识多年的老朋友，所以当她听到瑞玉绘声绘色的描述时，总觉得和自己过去对老朋友的了解大有不同，但她在闲聊时并没有发表任何质疑的意见，反而是听多了以后，雅竺心里也逐渐产生"对那位朋友要小心一点儿"的感受了。

在上述的例子中，瑞玉和雅竺都有一种参与闲聊的渴望。瑞玉带着过去和前主管的冲突，假想前主管也会这样对别人说她的不是，因此她抢先一步闲聊，内在恐惧的是担心前主管会威胁到她的生存空间。

雅竺则代表了大多数的我们，因为那些被闲聊的"别人"在"我们"的心理上引发了某种程度的张力；简而言之，就是那些人身上具有某些"我渴望拥有"或是"我渴望排除"的特质或际遇。比如说，倘若我觉得自己长得不够美、不够帅，可能就会无意识地和周围的人联合起来，闲聊那个令我觉得美到或帅到刺眼的对象："对呀，她每次都用那招，真的好喜欢装可爱。""什么？很花心哦，一天到晚换女朋友，我就知道会这样。"

当"闲聊者"原型在我们身上被启动时，往往代表我们心里有一个说不出口的声音："我好羡慕，好嫉妒某些人哦，我巴不得自己可以像他／她那样一帆风顺、志得意满，即使他／她真的是一个很讨厌的人。"

这世上还有什么能比那些令你讨厌得要命却比你还意气风发的人更让人感到心碎呢？

所以，"闲聊者"原型的阴影面，就是无意识地处在这种嫉妒、羡慕、讨厌别人的感受中。倘若缺乏自我觉察力，这阴影就引导我们逐渐变成一个不折不扣的"三姑六婆"，将心灵世界的能量多耗费在数落他人上。

然而，"闲聊者"原型的启动其实也有正向意义，就是从这些对别人的负面感受中，尝试去体会、观察那些令我们讨厌的人的立场，比如说："噢，原来那个看起来很爱装可爱的人，她其实不是在装可爱，而是她面对长辈的时候心里会害怕，声音才会不自觉地变成那个样子。"

最终，我们会建立起对外在世界的信任感，知道所有看起来"不合理"（讨厌）的事情背后，可能还有我们没看见的"合理"逻辑，我们就不需要耗费太多力气在愤世嫉俗上，而能把省下来的时间和精力转到自己身上，好好地去过自己的人生。

面对"闲聊者"的人格原型阴影，可以怎么做？

意识到自己对他人的嫉妒心，以及当他人威胁到我们生存时的恐惧感，并避免对此自我责备。

再觉察一下你对某些人感到不满、嫉妒、怨恨的原因，并从中发现你所渴望成为的模样，以及你所排斥的自我。

嫉妒心既是人生存的本能，也是权利，然而我们需要理解的是：我们可以嫉妒别人，但没有资格拿我们的嫉妒去伤害别人。

间谍原型（Spy）

——我怕自己没办法
　　掌控全局！

光明面：遵守人我界限，不逾越界限去接近引发自己热情的人、事、物。

阴影面：偷窥别人的私密生活，侵犯他人界限而不自知。

"间谍"原型的核心议题，在于面对那些引发我们内心热情的人、事、物时，能否遵守人我之间的界限，避免做出逾越人际界限的行为。

所谓"间谍"，就是潜入敌方或外国，从事刺探军事情报、国家机密或进行颠覆活动的人，通过假扮接近某些目标对象，以获取自己想要的真相和信息。因此，"间谍"原型也象征我们内心的一种欲望，想要通过各种方法（手段）去窥探我们所期待获得的信息，追求我们想了解的真相。

当"间谍"原型被启动时，常常伴随强大的观察力和直觉力，以及我们对外在人、事、物的热情。然而，当热情过了头，"间谍"原型也可能启动内心深处想要"窥探"别人的欲望；面对那些引发自己兴趣的人、事、物时，我们可能无意识地失去了人与人之间该守的分寸，侵犯他人的界限而不自知。

重复性地偷窥别人私密生活，或者以散播虚假的信息为乐的行为，都和"间谍"原型被启动所造成的界限不清有很大的关联。

来看看下面几个例子。

小圆在成人英语补习班认识了一位令她相当感兴趣的男同学，她偷瞄对方的名片，看见了男同学的英文名字。那天晚上，小圆在网络上花了好几个小时，找到了男同学的脸书和 gmail 信箱（谷歌邮箱），连男同学以前曾经参加过的抽奖活动，都被她给搜索出来了。

老邓内在的"间谍"动力也很强大，最近他任职的单位要换一位空降来的新主管，秉持着"知己知彼，百战百胜"的意志力，老邓四处打探新主管的消息，最后就连这位主管曾经离过几次婚，还有前妻的照片都被他给找着了。

最近刚谈恋爱的小云，在网络上认识了新男友，男友的女人缘似乎极好，让小云十分没有安全感，所以她偷偷访查男友各种通信软件和社交软件的账号，甚至每天偷偷观察男友的前女友们的动态。

从心理分析的角度来解读，"间谍"原型的心理状态，其实和幼儿时期的我们十分相像。心理学家认为，我们六岁之前，就有一种想要窥探父母独处时都在做些什么的欲望，可是当时又正值"超我"① 发展的年纪，我们心里害怕对事情过问太多，会惹来父母的责罚，因此将许多疑问吞进心里，变成任由我们内心世界想象的秘密。换句话说，虽然我们不清楚父母之间实质关系的模样，但总会无意识地去想象父母关系应该会是什么模样。

所以，一个家庭里面，如果父母和孩子之间总是无法坦诚地去谈一些令孩子好奇的事，在孩子的幻想中"家庭秘密"就会越变越多，而人们对"秘密"的好奇心往往是不会消失的，逐渐累积多了，就形成心底的"间谍"原型了。

面对内在的"间谍"原型，最好的方法是坦诚。愿意坦诚地面对自己想热情投入的事物，坦诚地去认识自己感兴趣的人……我们对周围人、事、物的兴趣和热情，就不会因为无法公开而变得难堪。

---

① 1923 年，弗洛伊德提出精神的三大结构为：本我、自我与超我。其中，"本我"代表心灵深处的本能欲望，"自我"负责应对现实环境，"超我"则是我们内在的良知和道德判断。

面对"间谍"的人格原型阴影，可以怎么做？

　　当心里浮现想要窥探别人的隐私，或者想要掌控他人的欲望时，先问一问自己：我的行为是为了和这个人建立关系，还是为了破坏这段关系？

　　觉察自己的行为，是否过分逾越界限而引起别人的不快？或者你的行为中有哪些对这段关系是有破坏性的？

　　从你想要窥探的事情中，发现自己真正想要了解的问题。想一想，有什么方法可以更健康地帮助你去了解真正想要接近的人、事、物？

吹牛者原型（Boaster）

——我怕你们看不起我！

光明面：坚持自己的梦想，不因别人质疑而放弃想要前往的方向。

阴影面：不相信自己所说的愿景，对脱口而出的话感到空洞无力。

"吹牛者"原型的核心议题，在于我们能否"遵从自己的心意"，即便遇到他人的质疑和讥笑，仍坚定地相信自己能够前往想去的方向。

"吹牛"这个词的由来是这样的。据说，从前的屠夫宰羊时，都会在羊腿上割一个小口，使劲往里面吹气，等到羊的身体整个膨胀起来，此时只要用刀轻轻一划，就可以很轻松地把羊皮整个剥下来，可是这个招数在宰牛时就不行了，因为牛身实在太大了；所以，如果有人说他可以把牛皮吹起来，那简直就是在说大话。因此，"吹牛"常常被用来形容人们说大话、爱吹嘘。

在心理层面上，"吹牛者"原型展现了我们内心对自我的期待，是一种欲望，也是内心愿景的投影。事实上，许多成功人士身上都有这样的原型。阿里巴巴的企业创办人马云，曾在1999年对一群朋友说："我要开办世界上最大的电子商务公司！"在马云成为今天的马云之前，这句话听起来像个白日梦，但马云成功后，再也没有人敢说他这种"吹牛者"的模样有什么不好了。所以，"吹牛者"原型的光明面，代表我们愿意去正视自己内心的欲望，即便身旁的人会讥笑我们，仍心甘情愿地用时间来证明一切。

"吹牛者"原型的阴影面，则象征我们不知不觉地去夸大现实，或者想要向别人夸耀的那一面。比如说，一个昨天晚上连续捡到三枚一元硬币的人对你说："我告诉你，我最近运气超旺，昨天晚上捡到超多钱的。"因为他用了"超多钱"来形容，当时你还以为他捡到了一整包的千元大钞（台币），直到知道其实才只有区区三枚一元硬币，你不免心想："这人说话也太夸张了吧！"

为什么这会是"吹牛者"原型的阴影面呢？我们可以再拿马云说过的话来举例。曾经在一场公开演讲中，有人问马云："当年您是如何靠着'假、大、空'（也就是'吹牛'）成功的呢？"马云说："'吹牛'是指连自己都不相信的事情，却要别人去相信，而我说的都是我自己相信的话，我知道你们也会慢慢相信。"所以，当落入"吹牛者"原型的阴影面时，会连我们自己都不相信自己所说的话，而且不光是别人觉得你说的话非常空洞，连我们自己都感到相当心虚。

那么，为何一个人要说那种连自己都不相信的话呢？原因有三：其一，我们其实也质疑自己，不相信自己能成为自己想要成为的那种人，所以无意识地把自己的质疑说出来，"引诱"别人也来质疑；其二，这些大话也含有自我安慰的功能，当我们觉得时间好像已经过去许久，可是自己还没能达到目标时，说大话也可以安抚内心的惊慌；其三，说大话也让我们短暂地拉近了与某些人的关系，这种举动代表了一种渴望，希望某些重要的人能够肯定我们。

来看看下面的例子。

盈智刚刚步入中年，环顾他周围的朋友，大多事业有成，工作上有一定的成就，盈智觉得自己先天的聪明才智并不比朋友们差，但他的人生际遇似乎不太顺遂，总觉得没能得到和自己才华适配的身份地位。

盈智有许多梦想，但他总觉得离真正实现好像还有很长一段时间，甚至不确定自己能不能等到梦想实现的那一天，所以他活得相当焦虑，对时间不断流逝感到非常恐慌。

只是，盈智在别人面前表现出的模样完全不是如此。事实上，当他越对未来感到迷惘，就越常对身旁的人吹嘘说："我跟你说哦，最近有个项目找我……"或者对新认识的朋友说："哦，你最近在做的那件事，我跟那个 ××× 很熟，可以帮你引荐一下……"没想到，当他的朋友们凑在一起聊天时，才发现原来盈智和那个

×××只是认识，其实他们根本不熟，那个什么项目也只是提了一下而已，连个影子都没有。大家就开始在背后联合起来嘲笑盈智了。

想一想，如果你是盈智，当你感受到别人在背后嘲笑你时，你会怎么做呢？

你会承认自己有这种夸大现实的毛病吗？你会愿意去面对这种夸大现实背后，可能潜藏着自己内在欲望还未被满足的失落吗？

或者，你会选择继续躲在那张牛皮里，躲开所有的空虚和懊恼，然后离自己的心灵越来越远吗？

当我们意识到自己身上的"吹牛者"原型时，常常会陷入一种既尴尬又羞耻的感觉，有时为了让自己免于这种难受的感觉，便可能吹更大的牛皮来掩盖自己心情上的恐慌。然而，"吹牛者"原型的本意是在唤醒我们：要能够时常停下来感受现实，评估内在的自己想要前往的合适方向。

面对"吹牛者"的人格原型阴影，可以怎么做？

思考一下，在你的日常生活中，有哪些关于"未来"的话，是你说出口以后，自己会感到有些不安的？这些可能就是你说得出来、但不一定相信自己做得到的事情。并且想一想，哪种情境下会令你特别容易说出这些话？

提高你的觉察力，当下次发现自己又要脱口而出这些大话时，先辨别周围的环境与人、事、物是否足够安全，如果发现环境不够安全时，请提醒自己尽量避免说出自己不确定能做到的那些话。

如果你真的有些人生梦想，请在日常生活中找到值得信任的人，并且定期和他讨论这些事。

　　思考多于感受的，他的感受会在黑暗中腐朽。它不会成熟，而是往腐朽病态、不见天日的藤蔓攀缘。

　　感受多于思考的，他的思维在黑暗之中，让蚊虫飞蛾在它肮脏的角落织网成茧。

　　当你拥抱与你相反的本质时，你开始预计整体，因为整体就是两个本质的总和，两者生于同一根源。

　　　　　　　　　　——荣格《红书》

自我觉察活动·书写练习 4

◆◆◆ 活动 1：觉察"外在的我和内在的我"

　　理解每一个与"欲望"相关的原型后，同样地，请你挑选出与自己内心相符的那几个原型。在重新阅读这些原型的特质与定义后，请接着画出如下的表格，分别列出"面对现实世界的渴望"和"欲望背后的感受"，借此整理出你对自己面对物质世界的欲望的认识；连带着也请一并整理当你面对内心的欲望时，会产生什么样的不安与害怕。

　　范例请见下页。

表 5

01 富翁	我喜欢精神及物质上的富足，它们令我能够得到安全感。
02 乞丐	我不喜欢伸手和家人拿钱的感觉，觉得在看他们的脸色。
03 小偷	
04 万人迷	我很难忍受别人不喜欢我或无视我。
05 伙伴	
06 吸血鬼	这个特质跟我相符的地方，仅仅在于我好像很容易感到他人对我的消耗，我基本上不会依赖他人。
07 上瘾者	有些事物，例如游戏、漫画、电影，会令我非常沉迷。
08 赌徒	
09 享乐者	
10 闲聊者	
11 间谍	
12 吹牛者	

表6

面对现实世界的渴望	欲望背后的感受
1. 我需要金钱	金钱可以给我带来安全感，让我有余力去经营自己的生活，不会轻易以他人的意志而转移。我大概很恐惧失去物质上的富足。 →我要找一份薪水稳定的工作
2. 我需要独处的时间	独处的时间令我感到非常自在，比起独处，在人群之中我更容易感到无所适从和孤独。当一个人时，我可以更好地处理需要做的事情，更好地感受自我的存在。 →我要记得提供自己独处的机会
3. 我渴望成功	渴求成功给我带来的自我认同感，希望他人可以认同我。 →我希望父亲和家族能认同、肯定我
4. 如果可能的话，我希望有一个灵魂上的伴侣	大大小小的恋爱也谈过几次，我深知自己也被另一个人真实地需要过、爱过。但她们的"希望"与"我"之间的错位，总会带来种种问题。我应该算是一个温柔的人，对于恋人的需求，我会尽量满足；但同时，我又深知很多事情是我不想做的，这种断层会带来消耗感，最终导致裂痕的扩大。我想并不是谁的过错，只是我或许温柔，但究其根本，并不是一个足够善良，而且还很自私的人吧。虽然对爱情、对他人以至自己总是非常失望，但如果可以，还是希望能找到那个可以填补我缺失的另一半吧。 →待答问题，怎样的"灵魂伴侣"才真的适合我？

◆◆◆　活动 2：三封"情绪之书"

之前，你已经认识了每个人心里的"共通原型"；现在，我想邀请你为其中三个原型各写一封"情书"。我想，你或许从来没有思考过，它们的存在对你的情绪会产生什么样的影响。

首先，为了心里的"受害者"，第一封信你可以这样写：
"给曾经伤害我最深的 ×××……"
至于接下去会写些什么，就让你的想法自由流动吧。如果你真的需要我提供一些建议的话，你可以告诉这位 ××× 当年曾经发生过什么事，以及你当时的想法和感受。当然，如果你想的话，也可以骂他一顿。如果在你心里的 ××× 不止一位，我也不介意你多写几封信。但请记得，我们现在做的是自己内心世界的功课，而不是现实世界的功课，这封信不是为他而写的，是为了让你理解自己而写的。写完之后，请去运动、洗个热水澡，或做其他你想做的事情，然后再回来看一遍这封信，想想自己有没有什么不同的想法和感受。

其次，为了心里的"破坏分子"，第二封信你可以这样写：
"给我心里那个破坏狂……"

同样地，接下去会写些什么，请让你的内心世界自由流动。我只能提供简单的建议，比如：这位破坏狂曾经做过什么事，令你至今耿耿于怀？这件事对你的影响是什么？是的，就请把这本"书写练习"笔记，当成一位可以倾诉的神父或师父吧。同样地，写完之后，也请去做你喜欢做的事，再找时间回来阅读它。

接着，为了心里的"小丑"，第三封信你可以这样写：

"给我心里那个需要掩饰的自己……"

你知道吗？有时候为了生存，我们总会有些不得已，所以请在这封信中，和现实生活中"不得不为"的你好好对话。同样地，请秉持自由书写与不要评判的原则。写完后，请你去做些让你放松的事情，再找时间回来阅读它。

最后，我要给大家一点儿小提醒。如果你担心这三封信会不小心被别人看见，可以找个地方把它们埋起来，你要做成瓶中信（漂流瓶）也可以，只要不要造成污染就好。

范例请见下页。

给曾经伤害我最深的女孩：

当年我们是最棒的伙伴，我们不管做任何事都很有默契。渐渐地我发现我想为你做的事越来越多，帮你处理大小事，把所有事情都想得很周到，只希望你可以多注意我。但是最后你选择了别的男生，即便如此，我还是愿意为你付出。之后，我觉得你把我做的一切视为理所当然，需要的时候就来找我，不需要的时候就把我踢得远远的，但是我却不能没有你，想想当时自己真的很悲哀。

终于我也意识到不能一直这样下去，所以下定决心走出只有你的世界。刚开始虽然痛苦，但是我遇到了一群朋友，有了他们的帮助，加上时间冲淡了一切，你的存在与否对我来讲已经是一件无所谓的事了。

其实我很谢谢你，要不是因为当年经历了你给我的伤害，我也不会蜕变成现在的我。现在的我很强悍，不管发生什么事情都能撑过去，个性也不像以前那样懦弱，也懂得保护自己了。我很喜欢也很满意现在的自己。

给我心里那个破坏狂：

以前的你经常跟妈妈发生争执，受到妈妈情绪绑架的你，在各种言语的压力下，没有发泄的渠道，只能独自躲在房间的厕所里，不断用手掐着自己的手臂，用力到指甲都要穿过皮肤，陷进肉里。当时只能依靠皮肉上的痛楚，来让自己好过一点儿。

现在的你已经渐渐长大，虽然在情绪紧张时，你还是会用力掐着手来保持冷静，这个习惯已经改不过来了，但是看着依旧如昨的妈妈，你知道不能驻足不前。改变就从自己开始，看到你很努力在改善母女关系，调整自己的应对方式，即使对方不领情，你依旧努力坚持着。将来的道路是自己走的，你不会再因为别人而伤害自己了。

给我心里那个需要掩饰的自己：

辛苦你了，面对不喜欢的人、事、物，你都能理性地面对，保持客观的态度。不喜欢和人起争执的你，总是尽量平和地面对一切，把所有不满往肚子里吞，相信时间会解决一切。

但是希望你也能适度发泄自己的情绪，试着去相信身边的人，去说给他们听听。或许过去发生的种种事情，让你很难相信你的家人或朋友们，但是不要着急，慢慢敞开自己的心扉吧。祝你顺利找到那个能让你卸下身上的刺的人。

◆◆◆　活动 3 : 写给十年后的自己

最后，在走完这么漫长的自我觉察之路后，请写一封信给十年后的你。

祝福你心里面的原型形象，在此之后可以重新得到正向的生存力量。

范例:

或许你已经有了喜欢的事业，美满的家庭。但以你的个性，一定会为事业和家庭付出所有的努力，甚至可能偶尔会忍气吞声。请记得有时候要把自己摆在第一位，不然总是憋着会受内伤的。适时表达出想法是好事，可以不用这么直接，委婉地讲或许就能达到效果。

还有，要记得珍惜你的伴侣。因为他是一位愿意在你身边承受压力，愿意跟你一起努力创造幸福的人。

珍惜你的朋友们，即使他们现在各奔东西。但你要知道他们曾经陪你欢笑，陪你哭，如今他们都还在你身旁，要适时地给他们帮助。

照顾家人，他们是永远不会背叛你的人。记得舅舅、舅妈他们在大学给你的帮助。追求工作的卓越时，别忘了身心健康。

祝福你!

来自 十年前的你

尾声

重组原型人生，完善自身人格

　　如果你是跟着前面的步骤走到这儿来的，我要先恭喜你，愿意扎实地走过一段自我觉察的旅程。然而我也相信，当你开始发现自己身上的原型特质后，可能会出现另外一种困扰：我知道自己是什么样子，那我接下来该怎么办呢？我身上有某些我很不喜欢的原型特质存在，又该如何是好？我该怎样完善自己，完善自己的人格呢？

　　首先，我想告诉大家一项非常重要的心理原则：我们之所以会为某些事情、某部分的自己或他人而感到痛苦，常常是因为那当中有某些我们不愿意接受的特质。

　　比如说，你可能刚刚发现自己身上的"万人迷"原型，所以对在意别人眼光的自己感到困扰或讨厌，满心都是怎么把这个原型特质撵出你内心的想法。无奈的是，当我们越讨厌某部分的自己（或他人）时，却越觉得这些特质黏我们黏得特别紧。于是你会发现，原来我们只能学习和这些原型和平共处，而不需要浪费时间去拒绝它。

那么，实际上该怎么做呢？在越来越清晰认识自己之后，如何进一步借由这些自我觉察来完善自己的人格呢？

"将你对'阴影'的认识，带到你日常生活的觉察中。"

比如说，当你发现"万人迷"的阴影十分困扰你时，就更要去留意"万人迷"在你生活中出现的时刻。慢慢地，你会发现这个原型特质在表现出来前，都有些原因和脉络可循。例如，当你进入到一个团体，发现周围的人看起来都又厉害又迷人时，"万人迷"阴影就会被启动，你会开始害怕自己在这群很厉害的人当中是卑微的、不被喜欢的。

反复练习去觉察自己身上的人格原型阴影后，你看见的就不只是原型的"特质"，而是能深入原型的"根源"发掘自己生命核心的议题与恐惧了。回到刚刚"万人迷"的情境，你可能觉察到了，你的内在早认定了自己是"肤浅"的，所以只要遇上"厉害"的人，"万人迷"原型就会冲出来保护你。那么结论很简单，你只要付出努力，让自己变得不再肤浅就行了！

想要完善自己的人格，要先保持自己心态的平衡，让自己放松下来。放松的关键是：我们都要保证生活中具有一定比例的、让自己放松的事，并且这件事是你真心喜欢的，比如对有些人来说是运动，对有些人来说则是唱歌。

在我的心理咨询的经验中，其实大部分的人都知道自己喜欢些什么，也知道自己的生活缺少了什么，却常常忘了去做那件事。所以我要先问问大家：你有多久没有去做你打从心底喜欢的那件事了？

给大家一个建议，就是在日常生活中保留10％的兴趣空间，也就是说，最好每十天就去做一件你喜欢的事情。这件事情不用太复杂，可能只是吃块鸡排、喝杯珍珠奶茶，或者去健身房、到郊外探险。总而言之，这是不同于你平常生活的尝试，但对你稳定自己的心态，完善自己的人格具有一定的效果。

另外，如果你是个心态不稳的人，可以从"视觉""听觉""嗅觉""触觉""味觉"这五种感官中去寻找你最敏感的那个感官。当找到它后，就从这个方面去找一个可以随身携带的、让你时常提醒自己要平静下来的物品。比如说，我曾经遇到过一位抑郁的职业妇女，她告诉我，她最喜欢的是闻她几个月大的儿子身上的奶香味；于是我请她随身携带一条有儿子奶香味的毛巾，之后，只要她在公司会议前感到紧张时，就会拿出儿子的毛巾来吸上一大口，感觉到自己似乎真能放松了。

试着找到这个极具个人特色的放松物品，当"阴影"将你推向负面感受的深渊时，请记得拿它出来解救你自己。

"系统化地思考自己想要的人格原型。"

好的，我知道这句话听起来很抽象，所以为大家画了下面的表格，请你照着表格说明填写自己的思考就可以了。

在填列下面的表格时，请尽量将五十六个原型都放进去思考。每当你在日常生活中遇到了一些挫折或困扰时，就回到这个表格去思考。给自己一段时间做这个练习后，我想，你会发现自己的改变。

表 7

	我喜欢的原型	我不喜欢的原型
我已经发现我拥有的原型	在我未来的生涯目标中我可以怎么运用这些原型？	我可以怎么驾驭这些原型，让它们不在我生活中捣乱？哪些朋友可以帮助我做这件事？
我还没发现我拥有的原型	我可以怎么发展这些原型？我身边有没有这些原型特质显著的朋友？我如何从他们身上学习？	如果我遇到了这种原型特质的人应该做出什么反应？我身边现在有这种原型特质的人吗？我可以怎么提醒自己，不因自己对这种原型的不喜欢，而影响我和这些人的相处？

祝福。